本书由海南省自然科学基金“热区土壤重金属介导的红树林碳库研究 423QN320”“砖红壤抗酸化性能在土壤环境风险预测和防控中的运用研究 420RC749”、国家重点研发计划“典型脆弱生态修复与保护研究”“‘美丽中国’生态建设的评估方法（2019YFC0507803）”课题资助。

海南省

典型土壤图谱及环境背景值

HAINAN SHENG
DIANXING TURANG TUPU JI HUANJING BEIJINGZHI

吴晓晨　杨安富　孟龙威 / 著

中国环境出版集团 · 北京

图书在版编目（CIP）数据

海南省典型土壤图谱及环境背景值 / 吴晓晨, 杨安富, 孟龙威著. --北京 : 中国环境出版集团, 2024.6
ISBN 978-7-5111-5689-1

Ⅰ. ①海… Ⅱ. ①吴… ②杨… ③孟… Ⅲ. ①土壤环境—环境背景值—海南—图谱 Ⅳ. ①X825.01-64

中国国家版本馆CIP数据核字(2023)第216018号

审图号：琼S（2024）065号

责任编辑　孟亚莉
装帧设计　彭　杉

出版发行　中国环境出版集团
（100062　北京市东城区广渠门内大街16号）
网　　址：http://www.cesp.com.cn
电子邮箱：bjgl@cesp.com.cn
联系电话：010-67112765（编辑管理部）
发行热线：010-67112735（第一分社）
印　　刷　北京中科印刷有限公司
经　　销　各地新华书店
版　　次　2024年6月第1版
印　　次　2024年6月第1次印刷
开　　本　787×1092　1/16
印　　张　19.25
字　　数　344千字
定　　价　190.00元

著者名单

主要作者

吴晓晨　杨安富　孟龙威　李德成　王登峰

其他参与作者

林　天　董　璐　胡玉麟　卓奕秀　杨　丽
吴克富　王其明

序言

“百谷草木丽乎土”，土壤孕育了五彩缤纷的生命世界，也是支撑人类社会可持续发展的物质基础。山水林田湖草沙，无不与土壤息息相关。作为地球的“皮肤”，土壤资源既重要又脆弱，从人类生存的角度来看是近乎不可再生的自然资源。当土壤在不合理利用和管理影响下遭到破坏和污染时，其修复的代价是巨大的，因此，认真保护和合理利用土壤资源需要全社会共同的努力。

以海南岛为陆地主体的海南省地处我国热带地区，具有极高的生物多样性和独特的土壤资源，土壤保护对全省生态环境建设具有重要的意义，对我国乃至全球热带地区具有借鉴作用。对海南岛和南海诸岛土壤的研究最早可追溯到20世纪30年代，但直到新中国成立后才开始了较为系统的研究。随着研究的不断深入，目前对海南省土壤形成演化、分类分布、属性特征、改良利用、退化与污染、生产潜力等的研究已经取得了大量的成果。相对而言，系统地收集、整理和直观展示海南省土壤多样性和形成演化特点的图集还很欠缺。为保护生态环境，践行“绿水青山就是金山银山”理念，海南省环境科学研究院联合中国科学院南京土壤研究所、中国热带农业科学院热带作物品种资源研究所等单位，共同完成了海南省典型土壤调查和土壤整段标本的采集制作工作。这项工作不仅完善了海南省土系分类，还补充了不同土壤的环境背景值结果，并将土壤分类与土壤环境保护有机地结合起来，与此同时，还依托海南省环境科学研究院建成了中国热带土壤标本馆，这也是全国生态环境系统内首个土壤标本馆。

《海南省典型土壤图谱及环境背景值》一书是海南省典型土壤调查和土壤整段标本采集制作工作成果的汇总。全书详细描述了海南省 58 个典型土壤，通过景观、剖面照片和文字描述，让广大相关领域工作者和社会公众更好地了解海南土壤，提高识土、辨土的能力。该书兼顾土壤环境保护和农业生产，可望为服务海南省生态文明建设，为社会经济高质量发展和生态环境高水平保护提供有益的土壤科学支撑。

借此机会，祝愿海南省环境科学研究院在土壤环境保护工作中不断取得更大成绩。

中国科学院

南京地理与湖泊研究所所长

张甘霖

2023 年 9 月　南京

前言

土壤是构成生态系统的基本要素之一，是人类社会不可或缺的宝贵资源，被称为地球母亲珍贵的“皮肤”。土壤与人类生活息息相关，只有保护好土壤生态环境，才能让老百姓“吃得安心、住得放心”。要想真正地做到合理利用和保护土壤资源，必须先认识土壤，采用科学的方法和专业的技术手段实现土壤的可持续利用。

海南省是我国最南部的省份，地理位置独特，气候条件优越，高温高湿的条件造就了海南独特的土壤特征。

2020 年，海南省环境科学研究院邀请了中国科学院南京土壤研究所李德成研究员和中国热带农业科学院热带作物品种资源研究所王登峰研究员作为技术专家，指导开展了海南省典型土壤调查和土壤整段标本的采集制作工作。这项工作从点位选择到现场调查、土壤分层、野外土壤类型鉴别、样品分析测试、数据分析、室内土壤类型鉴定、土壤整段标本制作，历时两年，在克服种种困难后终于形成了一系列调查成果并汇集于本书，同时在这些成果的基础上建设了海南省首个集科研、教学、科普于一体的中国热带土壤标本馆。

本书的调查内容涉及海南省所有市县级行政区，调查点位分布在主要粮食产区、国家森林公园、红树林自然保护区、热带特色农产品产区和热带海岛等地理单元内，共计完成了 58 个典型土壤类型的调查，获取了近 600 张景观、剖面、土壤性状特写等照片，土壤理化性质、重金属、分类检索等数据 12 255 条，土壤分层样品约 275 个，土壤整段标本样品 58 个。野外土壤调查依据《野外土壤描述与采样手册》，土样测定依据《土壤调查实验室分析方法》，土壤类型确定分别依据第二次土壤普查的土壤图并结合剖面形态特征和理化属性测定结果、《中国土壤系统分类检索》（第三版）以及美国土壤系统分类 [Soil Taxonomy（Second Edition）] 和 WRB 世界土壤资源参比基础（World Reference Base for Soil Resources 2014: International soil classification system for naming soils and creating legends for soil maps）的参比体系。

本书也是继 20 世纪 80 年代第二次全国土壤普查后，有关海南省土壤调查与分类方面的又一成果体现。同时恰逢第三次全国土壤普查工作启动，期望能为海南省第三次全国土壤普查工作雪中送炭，提供科学调查的基础数据和方法。

在此特别感谢中国科学院南京土壤研究所李德成研究员和中国热带农业科学院热带作物品种资源研究所王登峰研究员对此次工作的支持和指导，同时感谢参与此次工作的专家和同人们，受篇幅影响不胜枚举。另外，由于作者水平有限，疏漏之处在所难免，希望读者给予指正。

吴晓晨

2023 年 8 月

目录

第一章 区域概况与成土因素

1.1 区域概况

1.1.1 行政建制

1981 年，海口市和海南行政区由广东省管辖，海南行政区下辖海南黎族苗族自治州及琼山市、文昌县、临高县、澄迈县、琼海县、屯昌县、儋县、万宁县、定安县。1987 年 12 月，因建省办经济特区的需要，撤销海南黎族苗族自治州。在原自治州内建立了琼中黎族苗族自治县、保亭黎族苗族自治县、陵水黎族自治县、昌江黎族自治县、乐东黎族自治县、东方黎族自治县、白沙黎族自治县，三亚市升格为地级市，通什市为县级市。

1988 年 4 月 13 日，第七届全国人民代表大会第一次会议通过《关于设立海南省的决定》和《关于建立海南经济特区的决议》；1988 年 4 月 26 日，中共海南省委、海南省人民政府正式挂牌。从此，海南成为中国第五个经济特区，海南的发展进入了一个崭新的历史时期。

海南省现管辖 4 个地级市（海口市、三亚市、三沙市、儋州市），5 个县级市（文昌市、琼海市、万宁市、东方市、五指山市），4 个县（澄迈县、临高县、定安县、屯昌县），6 个自治县（白沙黎族自治县、昌江黎族自治县、乐东黎族自治县、琼中黎族苗族自治县、保亭黎族苗族自治县、陵水黎族自治县）（图 1-1），204 个乡镇，2 656 个村民委员会。此外，还有农垦系统国营农场 92 个，国营华侨农场 5 个，中央企事业单位 21 个。

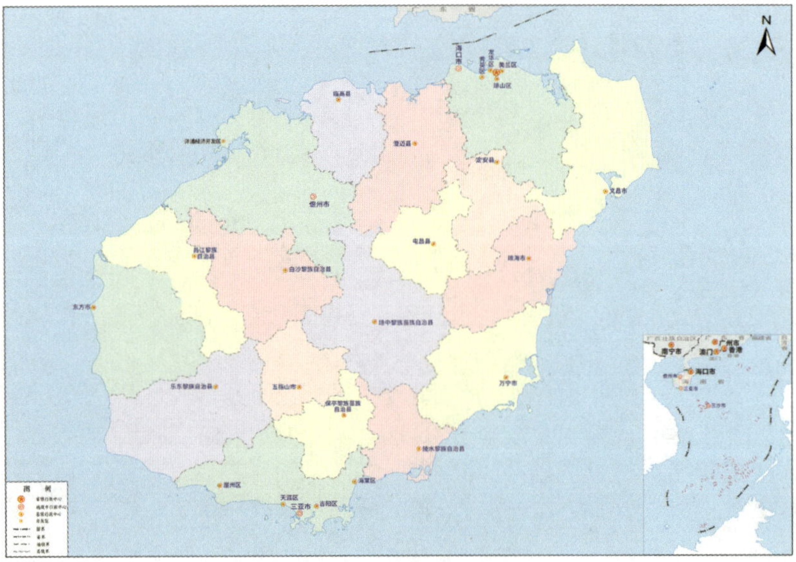

图 1-1 海南省行政区域

1.1.2 位置与境域

海南省位于东经 108° 37′ ～ 111° 05′ ，北纬 3° 30′ ～ 20° 18′ ，地处中国最南端，北以琼州海峡与广东省划界，西临北部湾与越南相对，东濒南海与台湾省相望，东南和南面在南海与菲律宾、文莱和马来西亚为邻。

海南省的行政区域包括海南岛和西沙群岛、中沙群岛、南沙群岛的岛礁及其海域。全省陆地（包括海南岛和西沙、中沙、南沙群岛）总面积 3.54 万 km^2，海域面积约 200 万 km^2。海南岛形似一个呈东北至西南向的椭圆形大雪梨，总面积（不包括卫星岛）3.39 万 km^2，是中国仅次于台湾岛的第二大岛。海南岛与广东省的雷州半岛相隔的琼州海峡宽约 30 km。

1.1.3 经济与人口

2020 年，海南省地区生产总值为 5 532.39 亿元，按可比价格计算，较 2019 年增长 3.8%。城镇常住居民人均可支配收入 37 097 元，农村常住居民人均可支配收入 16 279 元。

第七次全国人口普查显示，海南省常住人口 1 008.12 万人，是一个多民族聚居的大家庭，全省聚居 39 个民族，主要有汉族、黎族、苗族、回族等。全省人口中，超过 100 万人的市县有 2 个（海口市和三亚市），50 万～ 100 万人的市县有 4 个（儋州市、文昌市、万宁市和琼海市），20 万～ 50 万人的市县有 8 个（澄迈县、乐东县、东方市、临高县、陵水县、定安县、屯昌县、昌江县），20 万人以下的市县有 5 个（琼中县、白沙县、保亭县、五指山市、三沙市）。分区域来看，东部地区人口为 5 914 722 人，占 58.67%；中部地区人口为 1 152 687 人，占 11.43%；西部地区人口为 3 013 823 人，占 29.90%。与 2010 年第六次全国人口普查相比，全省 19 个市县中有 16 个市县人口增加，其中，三亚增长 50.48%，海口增长 40.43%。

1.1.4 气候资源

海南岛地处热带北缘，属于热带季风气候，长夏无冬，年平均气温 23 ～ 25℃，大于等于 10℃的积温为 8 200 ～ 9 200℃，最冷的 1、2 月平均温度仍达 17 ～ 20℃，年光照为 1 750 ～ 2 650 h，光照率为 50% ～ 60%，光温充足，光合潜力高。海南岛入春早，升温快，日温差大，全年无霜，冬季温暖，稻可三熟，菜满四季，是中国南繁育种的理想基地。

海南岛雨量充沛，年平均降水量为 1 700 mm，有明显的多雨季和少雨季。每年的 5—10 月是多雨季，总降水量达 1 500 mm 左右，占全年总降水量的 70%～90%，雨源主要有锋面雨、热雷雨和台风雨，每年 11 月至翌年 4 月为少雨季节，仅占全年降水量的 10%～30%，少雨季节干旱经常发生。

1.1.5 土地资源

海南省土地总面积 353.54 万 hm^2，约占全国热带土地面积的 60%。海南省可用于农、林、牧、渔的人均土地面积为 0.39 hm^2。因光、热、水等条件优越，生物生长繁殖速率优于温带和亚热带，农田可以终年种植，多数作物每年可收获 2～3 次。按适宜性划分，海南省的土地资源可分为 7 种类型：宜农地、宜胶地、宜热作地、宜林地、宜牧地、水面地和其他用地。

第三次全国国土调查显示，海南省面积最大的 3 种土地利用类型为园地、林地和耕地，其中，耕地总面积 50.48 万 hm^2，占全省土地总面积的 14.28%；园地总面积 122.80 万 hm^2，占全省土地总面积的 34.73%；林地总面积 121.04 万 hm^2，占全省土地总面积的 34.24%。草地总面积 1.71 万 hm^2，占全省土地总面积的 0.48%。

1.1.6 作物资源

粮食作物是海南种植业中面积最大、分布最广、产值最高的作物，主要有水稻、旱稻、山兰坡稻，其次是番薯、木薯、芋头、玉米等。经济作物主要有甘蔗、麻类、花生、芝麻、茶等；水果种类繁多，栽培和野生果类有 29 科 53 属，栽培形成商品的水果主要有菠萝、荔枝、龙眼、香蕉、柑橘、杧果、西瓜、杨桃、波罗蜜等；蔬菜有 120 多个品种。海南岛热带作物资源丰富，岛上原来生长有 3 000 多种热带植物，新中国成立后，从国外引进 1 000 余种，还从国外野生资源中发掘出 1 000 多种有用植物进行栽培试验，并取得了良好效果。目前，栽培面积较大、经济价值较高的热带作物主要有橡胶、椰子、槟榔、胡椒、剑麻、油棕、咖啡等。

1.1.7 植物资源

海南的植被生长快，种类繁多，是热带雨林、热带季雨林的原生地。海南岛有维管束植物 4 000 多种，约占全国总数的 1/7，其中 600 多种为海南特有。在 4 000 多种植物资源中，药用植物 2 500 多种；乔、灌木 2 000 多种，其中，800 多种经济价值较高，20 多种为国家重点保护的特产与珍稀树木，果树（包括野生果树）142 种；芳香植物 70 多种；热带观赏花卉及园林绿化美化树木 200 多种。

植物资源的最大藏量在热带森林植物群落类型中，热带森林植被垂直分带明显，且具有混交、多层、异龄、常绿、干高、冠宽等特点。热带森林主要分布于五指山、尖峰岭、霸王岭、吊罗山、黎母山等林区，其中五指山属未开发的原始森林。

1.2　成土因素

土壤是历史的自然体。土壤的形成是各种环境因素综合作用的结果。成土母质在一定的气候条件和生物条件作用下，经过一系列的物质交换与能量的转化，逐步产生了土壤肥力，形成了土壤。热带土壤是在热带特定环境条件下，各成土因素共同作用的结果。

1.2.1　气候

海南岛为热带季风气候，其特点为：①热量丰富、长夏无冬，年平均气温为 23 ～ 25℃，最冷月平均气温 17 ～ 20℃，大于等于 10℃积温 8 200 ～ 9 200℃，作物全年可生长，但北部冬季偶有霜冻，略有寒害，对热带作物不利。②日照多、辐射强，全岛多年平均日照时数达 2 177 h，全年太阳总辐射量大部分地区达 500 ～ 600 kJ/m^2，作物光合潜力大。③雨量充沛、降水集中、干湿明显、地区性分配不均，年降水量平均为 1 700 mm，可满足作物的水分需要，但时空变化大，多数地区年降水量 70% ～ 90% 集中于 5—10 月，干湿季明显，地区性分配不均匀。由于中部山地高耸，构成东北—西南走向的高山屏障，东面迎风面的琼海、万宁、屯昌、琼中年降水量达 2 000 ～ 2 500 mm，处于背风面又有干热风影响的西部地区年降水量不足 1 000 mm，不利于作物的生长。④台风多、风害威胁严重，年平均风速超过 3 m/s，其中西部和西南部沿海达 3.8 ～ 4.7 m/s，每年 5—11 月为台风季节，以 8—10 月最多，平均每年受 7 ～ 9 个台风影响，风害威胁严重。

水分和热量不仅直接参与母质的风化过程和物质的地质淋溶等地球化学过程，而更重要的是它们在很大程度上控制着植物和微生物的生命活动，影响土壤有机质的积累和分解，决定了营养物质的生物学小循环的速度和范围。在所有其他条件相同的情况下，温度增加伴之而来的是土壤风化速度的加快。风化速度也与降水量有关，因为水分的存在加快了物质的淋溶。总之，高温高湿的气候条件会促进岩石和矿物的风化，而寒冷和干燥的环境条件会延缓岩石和矿物的风化。过度湿润有利于有机质的积累，而干旱和高温，好氧微生物比较活跃，有机质易于矿化，不利于有机质积累。一般情况下，降水量增加，土壤黏粒含量增多。土温高，岩石风化作用加强。海南岛属于高度湿热地区，硅酸盐类矿物被强烈分解，硅、钾和钠等盐基遭到显著的淋失，土壤中多形成高岭石类次生矿物，并含较多的铁铝氧化物，形成了海南的地带性土壤——砖红壤。次生黏土矿物以高岭石、三水铝矿及赤铁矿为主。

1.2.2 地形地貌

海南岛四周低平，中间高耸，山地占全岛面积的1/4，以五指山（海拔1 867 m）、鹦哥岭（1 811 m）为隆起核心，向四周延伸，山地边缘分布着丘陵，其间夹杂着盆地与河谷。海南岛山区海拔每上升 100 m，气温下降 0.6℃，降水量增加 140 mm，不同海拔高度的山体及其上下部位的气候分异特性为植物群落和土壤类型呈带状更替提供了外界条件。

地形地貌因素对自然条件的多样性和地域分异有决定性的影响，它对海南岛土壤水平分布的影响主要表现在 3 个方面：①为海南热带景观最典型的铁铝土形成创造了条件。海南丘陵—盆地及沿海台地、平原的土温在 25.5℃以上，属高热土壤温度状况，全岛各地年平均降水量大部分在 1 500 mm 以上，为湿润土壤水分状况，部分为常湿润土壤水分状况，高温和高湿相结合，极有利于生物物质循环和风化成土作用的进行；海南岛第四纪未受冰川影响，这里的植被和土壤从新第三纪开始就一直发展下来，经历的时间长，特别是由于环岛沿海平原和海积阶地广布，山前台地发育，并在琼北有大片玄武岩台地，其风化壳厚度可达 10 余米或更厚，如此独特的地貌状况为形成高度富铁铝化作用的铁铝土创造了条件，使它成为反映海南热带景观最典型的土壤。②东西部土壤干湿水分状况及土壤发育类型迥然不同。由于五指山雄踞中部，当东南季风活动时，在东部的琼海、万宁、琼中、陵水和保亭一部分地区，特别是海拔 500 m 以上的迎风坡，构成山前多雨带，雨日和雨量均比西部多出 1 倍以上，形成湿润及常湿润土壤水分状况，土壤风化淋溶作用强，发育有以湿润铁铝土、湿润及常湿富铁土和雏形土为主的类型系列；而在五指山西部和西南部背风面，尤其是昌江、东方、乐东和三亚市等沿海地带，受“焚风效应”影响，年降水量仅 700 ～ 1 000 mm，年日照时数比中部山区多约 900 个小时，为少雨、多日照、强蒸发的半干润土壤水分状况，导致了土壤矿物风化和淋溶作用较弱、盐基饱和度较高等特点，土壤虽呈红棕色，仍具有铁质特性，但只发育以铁质干润淋溶土和湿润（干润）雏形土为主的类型系列，在土壤高级分类位置上与东部有重大区别。③全岛土壤呈 3 个环状土带的总体格局。海南岛土壤的水平分布受地貌结构的制约，围绕中部山地呈环带状分布，海拔 20 m 以下的滨海平原、三角洲平原，地势平坦开阔，略有轻微起伏，其上有平缓岗地、长垣形沙脊或各种沙丘分布；海拔 20 ～ 400 m 的海积阶地、不同岩性的台地和低丘陵地，是自成型土——铁铝土和富铁土的集中分布区，以及部分淋溶土、火山灰土和水耕人为土；海拔 400 m 以上的高丘陵、低山、中山地，地表切割破碎，高低起伏明显，地面坡度大，分布着富铁土、淋溶土、雏形土等类型，在海拔 800 m 以上的中山区，气候凉湿，森林郁闭度高，是常湿润淋溶土和雏形土主要分布区。

1.2.3 成土母质

成土母质是岩石风化的产物，在一定成土母质上所发育的任何一种土壤，它的物理、化学和矿物学性状均与母质的性质密切相关。通常，土壤发育时间越短，土壤性状受成土母质的影响越为明显，随着风化成土过程进行越久，土壤性质与原有母质性质的差异就越大，但母质的某些性质仍残留在土壤性状中，也会对土壤的农业利用与管理带来影响。

（1）成土母质的主要类型及分布状况

海南岛成土母质主要有花岗岩、玄武岩、砂页岩、安山岩、石灰岩、紫色砂页岩及海相沉积物、河流冲积物。花岗岩母岩发育的土壤约占土壤总面积的 58.11%，分布于全岛各地；玄武岩风化物发育的土壤所占比例约为 6.31%，主要分布于琼北地区；砂页岩母岩发育的土壤占土壤总面积的 19.53%，仅次于花岗岩母岩发育的土壤，以白沙县、东方市较多，保亭、陵水等市县较少；紫色砂页岩母岩发育的土壤占土壤总面积的 1.63%，分布于白沙、琼中县等地；安山岩母岩发育的土壤占土壤总面积的 2.65%，分布于三亚市、保亭县和乐东县；石灰岩母岩发育的土壤占土壤总面积的 0.46%，零星分布于东方市、昌江县、琼中县、三亚市；河流冲积物母质发育的土壤占土壤总面积的 2.23%，主要在南渡江、万泉河、陵水河、藤桥河、宁远河、望楼河、昌化江下游两岸及小三角洲地区，是肥沃的粮产区；海相沉积物发育的土壤占土壤总面积的 9.08%，分布于各市县沿海平原。

（2）不同母岩对土壤形成的影响

玄武岩、安山岩等暗色铁镁基性岩风化的母质，含石英颗粒较少，黏粒含量高，富铁、镁等基性矿物，颜色较暗，质地较均一，盐基含量高，矿质养分较丰富。花岗岩、流纹岩等浅色硅质结晶岩风化的母质，其含石英颗粒较多，黏粒含量也高，但颗粒大小不均匀，含铁、镁等基性矿物较少，富钾而贫磷素。浅海沉积物母质，一般是质地较轻，含不等量石砾，透水性良好，土层厚，底土常见有铁质结核体。石英岩、云母片岩等变质岩风化的母质，由于岩性的差异，其颗粒组成及质地不均匀。石英岩风化物含石英颗粒多，质地轻，透水性良好，矿质养分少，而云母片岩则相反。此外，由紫色砂页岩、石灰岩风化的母质，质地均较黏重，透水性较弱，土壤通常残留其岩性特征，因而土壤发育较为年幼。

（3）不同年代母质对土壤形成的影响

海南岛具有自更新世早期（Q_1）、中期（Q_2）、晚期（Q_3）及全新世（Q_4）喷发的玄武岩和火山角砾岩山及火山灰，其上所发育的土壤具湿润土壤水分状况，但由于成土因素作用程度不同，土壤景观单元及土壤性质存在很大差异（张仲英等，1987）。①对土壤颜色的影响。Q_1 期玄武岩风化母质上发育的土壤色调呈暗红色（湿润偏向常湿润水分状况的土壤偏黄），Q_2 期的由暗红棕色向棕色变化，Q_3 期的偏棕色，Q_4 期的土壤色调偏黑。而随着风化成土时间的延长，pH 降低而黏粒含量增高。②对土壤中游离铁含量的影响。随着风化成土时间的延长，铁游离度增高，在 Q_1 ～ Q_3 期玄武岩风化母质上发育土壤的游离铁含量均高于 100 g/kg，K_2O 含量相对较低，黏土矿物由高岭石、三水铝石、赤铁矿组成，而 Q_4 期的土壤游离铁含量较低，K_2O 含量较高。③对土壤阳离子交换量的影响。随着风化成土时间的延长，土壤黏粒阳离子交换量（CEC_7）、黏粒阳离子交换量（ECEC）明显减小，而 Q_2、Q_3、Q_4 期的土壤较高（表 1-1）。

海南岛的浅海沉积物广为分布，虽同属浅海沉积物，但沉积时期有早、中、晚之分。研究表明，随着风化成土年龄的增加，土壤发育程度相应提高。更新世晚期（Q_3）为橙色，更新世中期（Q_2）及更新世早期（Q_1）向红棕色变化，其黏粒及游离铁含量有相应逐渐增高的趋势，而 pH、K_2O 含量、盐基饱和度及黏粒 CEC_7 和 ECEC 明显降低（表 1-2），土壤发育类型也有明显差异，由此可见成土年龄对土壤发育的深刻影响。

表 1-1　玄武岩母质上发育土壤的一般特性和黏土矿物

单个土体号	地点	玄武岩年代	成土年龄（$\times 10^4$a B.P.）	层次	干态颜色	pH（KCl）	黏粒（< 0.002 mm，g/kg）	K_2O/（g/kg）	游离铁 /（Fe_2O_3，g/kg）	铁游离度 /%	CEC_7	ECEC	主要黏土矿物
											[cmol（+）/kg 黏粒]		
H18	澄迈县福山	Q_1^1	—	B1	红棕	4.1	695	0.9	111.2	55	10.1	2.7	—
C1	澄迈县福山	Q_1^1	—	B1	—	—	844	2.2	143.7	88	11.3	2.3	高岭石，赤铁矿，三水铝石
玄-6	琼山	Q_1^1	—	B	—	—	579	1.1	193.3	78	6.2	5.5	高岭石，赤铁矿，三水铝石
HW02	儋州新盈农场	Q_1^1	181±8	B2	红棕	4.5	608	2.1	167.3	66	6.0	2.2	三水铝石，赤铁矿，高岭石
HE11	琼山三门坡	Q_1^1	148±16	B2	亮红棕	4.2	614	4.2	147.8	64	6.0	3.4	高岭石，三水铝石，针铁矿
HE10	琼山云龙	Q_1^1	133±18	B2	红棕	4.8	601	2.7	148.2	66	8.2	2.7	高岭石，三水铝石，赤铁矿，针铁矿
H15	文昌县蓬莱	Q_1^1	—	B1	红棕	3.9	606	0.9	122.3	55	9.8	3.1	—
HW04	儋州德义岭	Q_2^1	—	B	暗红棕	3.9	566	4.1	131.7	62	28.1	14.5	高岭石，赤铁矿
H16	定安龙堂	Q_2^2	—	B	暗红棕	4.8	437	3.1	107.0	59	40.9	16.6	—
HE05	定安石坡	Q_2^2	14.6±0.9	（B）1	棕	5.0	362	—	141.8	61	34.0	17.4	高岭石
HW03	儋州洋浦	Q_3^1	9.0±2.0	AC	棕	4.7	454	3.2	123.3	58	48.7	32.7	高岭石
玄-4	琼山永兴	Q_4^1	—	B	红棕	6.4	310	4.9	67.6	40	72.3	47.0	水铝英石，高岭石
HW10	琼山永兴	Q_4^1	1.3±0.93	AC	黑棕	—	185	4.0	54.6	37	—	—	高岭石，水铝英石
HE09	琼山十字路	Q_4^1	—	AC	黑棕	—	331	1.9	104.5	46	—	—	高岭石

资料来源：龚子同等，2004。

表 1-2 浅海沉积物母质发育土壤的一般特性和交换性能

单个土体号	地点	沉积物年代	层次	干态颜色	pH（KCl）	黏粒（< 0.002 mm，g/kg）	K_2O/（g/kg）	盐基饱和度 / %	游离铁 /（Fe_2O_3，g/kg）	铁游离度 / %	CEC_7 [cmol（+）/kg 黏粒]	ECEC [cmol（+）/kg 黏粒]	土壤类型（土系举例）
HE08	琼山	Q_1	B1	亮红棕	3.2	431	2.46	27.19	83.09	56.62	13.46	7.42	腐殖简育湿润铁铝土（中堂系）
	甲子镇		B2	亮红棕	3.3	370	2.57	26.89	92.19	47.46	14.67	7.85	
			B3	亮红棕	3.3	516	2.95	25.23	82.27	56.28	10.52	6.29	
			B4	亮红棕	3.3	399	3.52	28.81	81.34	55.31	13.48	6.62	
HE12	文昌	Q_1	B1	红棕	3.6	519	2.62	30.33	106.87	86.12	8.77	3.14	普通暗红湿润铁铝土（新桥圩系）
	新桥圩		B2	红棕	3.8	493	2.45	45.52	117.84	81.30	8.82	4.68	
HW06	儋州	Q_2	B1	橙色	3.2	180	7.02	34.88	18.88	74.30	14.33	12.00	普通简育湿润铁铝土（新州系）
	新州镇		B2	橙色	3.2	185	8.09	42.49	22.60	77.21	18.70	14.76	
			B3	橙色	3.1	346	7.26	29.12	31.50	90.18	12.80	11.71	
HE06	定安	Q_3	B1	橙色	3.2	386	4.31	35.54	39.42	52.67	9.4	6.5	盐基简育湿润铁铝土（下洋坡系）
	城关镇		B2	橙色	3.1	259	4.98	41.92	41.61	51.64	11.03	9.2	
				橙色									
HW15	昌江	Q_3	B1	橙色	4.7	109	5.23	61.91	16.99	85.59	50.83	32.84	普通铁质干润雏形土（乌烈系）
	乌烈镇		B2	橙色	4.6	147	8.14	56.33	25.04	70.56	46.73	27.14	
			B3	橙色	4.6	230	7.19	52.22	32.35	87.22	34.22	18.39	

资料来源：龚子同等，2004。

1.2.4　植被和利用方式对土壤的影响

（1）林地对土壤形成的影响

热带林地群落组成复杂，没有明显的优势种，每公顷林地上的乔木种在 100 种以上。其独特的生境特点，丰富的生物多样性和重要的生态系统功能，决定了林下土壤有区别于草地和红树林土壤的特点。据吊罗山、尖峰岭和黎母山的历史定位观测资料，雨林区的地上部分生物现存量达 507.2 ～ 645.2 t/hm^2（包括凋落物现存量）。年凋落物量在季雨林为 9 660 kg/（hm^2·a），原生雨林为 9 180 kg/（hm^2·a），更新雨林为 8 860 ～ 9 320 kg/（hm^2·a）（表 1-3）。

表 1-3　不同林型生物量和凋落物量

林型	地点	地上部分现存生物量 /（t/hm^2）	凋落物 /[kg/（hm^2·a）]
季雨林	吊罗山	—	9 660
更新雨林	吊罗山	—	8 860
原生雨林	尖峰岭	645.2	9 180
更新雨林	尖峰岭	—	9 320
雨林	黎母山	507.2	—

凋落物的分解速率总体来看是雨季比旱季快。其中季雨林的凋落物量多，但分解速度快，而雨林的凋落物量虽较少，但分解速度较慢，积累相对较多。由于森林每年都有大量凋落物分解后归还土壤，其灰分的归还量达 793.7 ～ 1 122.5 kg/（hm^2·a），氮素达 90.3 ～ 115.7 kg/（hm^2·a），季雨林比雨林高（表 1-4）。凋落物和灰分元素源源不断地补充到土体中，改善了林地土壤的水湿条件，有机质含量也较高，且有一定肥力基础。

表 1-4　森林凋落物元素归还量　　单位：kg/（hm^2·a）

林型	SiO_2	Fe_2O_3	Al_2O_3	CaO	MgO	TiO_2	MnO	K_2O	Na_2O	P_2O_5	N	合计
季雨林	661.7	3.4	32.8	156.1	74.0	0.6	7.8	55.2	4.2	11.0	115.7	1 122.5
雨林	431.5	4.2	56.6	77.1	77.1	0.4	6.2	35.7	8.4	6.2	90.3	793.7

（2）草地对土壤形成的影响

海南岛的草地多属于原生植被遭破坏后演替而成的一般灌丛草地。其中有高草、中草、矮草之分。这些草地不具有以上林地的特点，因为它们的根系浅而数量少，且多集中于土壤上层，土壤底层的灰分营养元素重返表层也少。草地覆盖度虽大，但是阳光仍可直接照射地表，水分容易从土壤表层蒸发，土壤中水分的贮量少。另外，一些草地易成地表径流，土壤表层所含水分经常较林地少，加之生物分解作用较强，土壤有机质含量较林地低，其灰分营养元素含量也较林地少。

（3）红树林对土壤形成的影响

红树林是热带植被的特征之一。红树植物生长在沿海静风的港湾泥滩、河口湾的冲积新成土及潟湖海岸潮间带中、高潮滩，绝大部分为灌丛林，具有强大而密集的支柱根和板状根，高度 1 ～ 6 m，个别为 10 ～ 12 m，郁闭度 50% ～ 80%，林下植物稀少，只有稀疏的幼苗，主要树种有红树、木榄、红海榄、海莲等多种。红树植物通过固定太阳能，吸收无机盐，特别是选择吸收海水和海涂中含量较高的硫素而使体内含硫。红树植物一般含硫量为 0.2% ～ 0.5%。

红树植物每年有大量凋落物。对海南岛海莲红树群落进行连续 4 年（1984 年 1 月至 1987 年 12 月）的凋落物动态研究表明，在保护良好的河港海滩上，海莲群落的年凋落物量高达 1 255 g/m^2，是热带地区凋落物量最大的群落类型之一。4 年平均凋落物各组分占总量的比例为叶 64.32%、花 10.63%、果 21.34%、枝 3.71%。红树植物还有阻浪促淤的作用，其林下泥砂沉积量每年为 573.9 kg/hm^2，约为无林泥滩的 3 倍。其残体逐渐被埋藏于土体中，形成红树残积层（木屎层），在氧化条件下形成硫酸铁和硫酸，使土壤呈强酸性，成为该类土壤开发利用中的重要限制因素。

生长红树植物的土壤中有机质和氮素含量也较高，磷含量一般较低，钾也不高，并含有盐分，发育的土壤为含硫潮湿正常盐成土。当红树植被遭到破坏或开垦利用后，在人为引水洗盐及耕作管理措施下，土壤酸度及有机质、全氮、全磷含量和含盐量锐减，土壤性状逐步改善，演化为含硫暗沃正常潜育土或普通暗沃正常潜育土，土壤生产力相应提高。鉴于红树林对保护沿海生态及发展天然的水产养殖具有重大的意义，应加以保护、恢复和发展。

（4）胶林对土壤形成的影响

橡胶树宜栽在有机质丰富、土层深厚并肥沃的酸性土壤上，也是热带地区的适生树种，但种植橡胶树后经过割胶及有关土壤管理，将对土壤肥力带来影响。首先，胶林年凋落物是雨林的 12.8%，但氮、磷、钙比雨林分别高 62.0%、156.5%、142.3%，只有钾、镁略低于雨林（表 1-5）。橡胶树是高大乔木，经济寿命长达 30 年，在其生长过程中需从土壤中吸收大量矿质养分，而养分的消耗主要有：随胶乳带走；在花果、枝、叶凋落物中；累积于茎和根中。若将养分消耗量相加，每公顷每年约需氮素 135 kg、磷素 10.65 kg、钾素 82.05 kg、镁素 21.15 kg，显然橡胶树总的养分消耗高于凋落物归还土壤的养分。因此，植胶初期，胶园土壤肥力下降，待胶树成林形成稳定人工林系统后，橡胶树本身的残体及凋落物归还土壤的养分随之增多，胶园土壤肥力消耗仍较一般林地只靠自身营养物质循环要高。

表 1-5　胶林、雨林的凋落物及养分元素含量比较

林型	年凋落物量 / [kg/（hm^2·a）]	灰分总量 /（kg/hm^2）	氮 /（kg/hm^2）	磷 /（kg/hm^2）	钾 /（kg/hm^2）	钙 /（kg/hm^2）	镁 /（kg/hm^2）
胶林	1 135.6	—	146.3	15.9	22.9	186.8	66.8
雨林	8 860.0	793.9	90.3	6.2	35.7	77.1	77.1

覆盖植物对土壤物理性状也有影响。禾本科植物对土壤结构的改善主要在表土，而豆科覆盖对底土影响较明显。所以，采取豆科和禾本科混合覆盖对土壤理化性状的改善会更合理些。

胶园间作也影响着土壤养分转化和地力的发挥。由于胶园间作后，加强田间除草施肥管理，间作区的胶树生长量比不间作的大 13% ～ 41%，其中胶茶间作 4 年前后，土壤（0 ～ 40 cm）有机质含量较稳定，全氮量有所波动，全磷和有效磷含量不同程度地降低，而速效钾含量有明显提高。间种矮化胡椒的胶树比不间种的提前半年左右割胶，开割率提高 16%，干胶产量比对照提高 10% 左右。土壤含水量间种比对照提高 3% ～ 6%，有机质比对照提高 0.53%。

橡胶树树干高大，叶片密集，特别是当胶园成龄并间作一些耐阴性经济作物后，胶树和行间作物形成 2 ～ 3 层植物群落生态环境，除逐步恢复类似天然林地的物质循环外，还对胶园小环境气候条件有所改善。

（5）游耕对土壤形成的影响

游耕是世界热带森林开发利用时所习用的方法。它除了破坏森林，恶化小气候，还有下列 4 个方面的土壤负效应：一是土壤物质归还量减少，归还元素除钾在耕垦期尚高外，氮素和钙素都较低（表 1-6）。二是水土流失加剧，耕垦期水土流失量比林地大25倍，固体流失量达590倍，径流含砂率达33倍，表土被破坏厚度年均2 cm。三是土壤水文状况恶化，以100 cm土层计，约比林地贮水量少25.4 mm，上部土层（0～10 cm）贮水量减少2%～4%。另外，深层输水涵贮能力减弱，反映在100 cm土层的渗透量只有林地的42%，30 cm土层增加至85%，到表层渗透量可大于林地，但各层渗透率都小于林地。四是土壤肥力减退，表现在表土层变薄并沙化，地表粗砂成层，土壤容重值增大，通透性能降低。耕垦期始末3年，表土层（10～20 cm）养分减少量是：有机质7 910 kg/hm^2、全氮1 808 kg/hm^2、速效钾318 kg/hm^2。刀耕火种所引起的危害，应引起人们的注意，这种原始的生产方式在热带地区是常有发生的，关键在于做好水土保持工作，综合利用土地，使生物物质累积过程中能保持生态平衡。

表1-6　游耕制土壤系统中物质归还比较　单位：kg/（hm^2·a）

项目	干物质	灰分	氮	磷	钾	钙	镁	硅	铝	铁
凋落物（林地）	9 727.9	581.6	84.8	6.8	67.3	120.3	36.1	78.7	16.8	5.2
A_0层	3 889.1	376.8	23.0	1.1	17.9	42.4	10.9	102.3	13.6	6.2
旱作秸秆	4 209.4	248.8	11.5	1.6	80.0	14.1	10.2	26.5	3.5	1.9
撂荒凋落物	2 182.3	255.7	31.8	2.6	7.6	20.5	12.9	75.9	14.9	8.6
林地归还	13 617.0	958.4	107.8	7.9	85.2	162.7	47.0	181.0	30.4	11.4
游耕归还	3 195.8	252.2	21.6	2.1	42.6	17.3	11.5	51.2	9.2	5.2

（6）农耕对土壤形成的影响

热带地区土地利用方式对土壤有机质和微生物有明显的影响。热带土壤中的腐殖质均较简单，其中铁铝土的腐殖物质无论分子量和芳构化度都是各类土类中最低的；有机物质在热带土壤中的分解速率比在温带土壤中快；林地土壤耕垦后，有机质含量迅速下降，除由于本身含量高、分解快之外，部分是由于土壤侵蚀的缘故；林地开垦后，土壤中氨基态氮的相对含量有所降低，腐殖质组成也发生了明显的改变。

热带雨林由于腐殖质层厚，土壤中微生物数量比季雨林多2～12倍。铁铝土、富铁土中细菌的数量一般均较中性或微碱性反应的其他类型土壤低。真菌的相对数量较其他非酸性土壤高。放线菌数量与土壤酸度之间的相关性不及细菌那样明显，而主要受土壤中有机质含量的影响。

耕垦能直接影响土壤中微生物的演变。耕垦多年的橡胶林、油棕林下铁铝土中微生物数量与自然林下差别不大，而种植咖啡、胡椒等经济作物后土壤微生物数量增加。

土地利用方式不同也能导致微生物组成的改变。如铁铝土耕垦后，蜡质芽孢杆菌逐渐减少，被巨大芽孢杆菌取代成为优势种。

热带铁铝土中含有多种能够固氮的微生物，同时多种植物根际有与微生物联合固氮的现象，应注意发掘和利用耐酸固氮微生物的可能性。

1.2.5 人类活动对土壤的影响

（1）人类活动的特点

自从有了人类文明，土壤的发生发育就受到人类活动的影响。并且，随着生产的发展，人们对土壤的干扰程度也越来越大。与一般的自然成土因素相比，人类活动对土壤的影响有 5 个特点：①目的性强，人类活动对土壤的影响具有强烈的目的性，是在长期农业生产实践中，逐渐认识土壤发生发展规律的基础上，利用和改良土壤、定向地培育土壤；②影响快速，人类活动对于土壤的影响是快速的，而且随着人类社会生产和技术水平的不断提高，其影响速度在不断地提高，范围也在不断地扩大；③社会性强，人类活动是具有社会性的，它受社会制度、社会生产力和科学技术水平的影响，不同的社会制度、社会生产力和科学技术的发展水平，人类活动对土壤的影响及其效果是有很大差别的，当前，人类仍在不断地探索和培育肥力更高的农业土壤；④可改变自然因素，人类活动对土壤的影响在改变各自然因素的基础上进行，各自然因素对土壤发生的持续影响程度主要取决于人为活动；⑤具有两重性，人类活动对土壤的影响具有两重性，利用合理可以产生正效应（土壤熟化），利用不合理就会产生负效应（土壤退化）。

（2）人类活动对土壤影响的两重性

人类活动对土壤造成的影响有时是有益的，有时是有害的。人为经营的合理与否，会影响土壤向不同的方向发展。在合理的种植制度下，如施用较多的有机肥料，采用秸秆还田，并在适当的水分管理和相应的水土保持等措施的作用下，土壤越种越肥；反之，广种薄收，不施或少施肥料，水土流失，则土壤向相反的方向发展。自新中国成立以来，在党和政府的领导下，海南采取兴修水利、推广绿肥、农田基本建设、改造低产田等一系列措施，极大地改善了土壤条件。例如，海南琼海市大路镇的水东村原为潜育水耕人为土，1974 年大力开展农田基本建设，整治排水系统，深挖排水沟，做到排灌分家，降低地下水位，使土壤脱潜，向铁聚水耕人为土发展。到 1976 年，部分田块已可种植番薯，水稻产量明显提高。与之相反，部分低山高丘陵地区，至今仍存在“刀耕火种”的烧林垦荒后撂荒的落后生产方式，严重破坏了森林植被，并造成严重的水土流失。根据海南热带林业研究所资料，刀耕火种后一个雨季，表土被冲走 1.86 cm，表土流失有机质 20.75%，全氮 19.2%，全磷 30.34%，全钾 14.43%。实际上，一年流失表土远大于 2 cm，即铁铝土每公顷流失有机质 5 041.5 ～ 9 508.5 kg。再如，某些地区由于受重用轻养的思想影响，偏施化学氮肥，少施或不施有机肥和磷、钾肥，使土壤磷、钾素得不到应有的补充，造成土壤氮、磷、钾三要素比例失调，形成海南部分土壤中少磷缺钾的状态。据统计，海南全省水稻土速效钾在 50 mg/kg 以下的面积占水稻土总面积的 74.4%，速效磷在 10 mg/kg 以下的面积占水稻土总面积的 68%。

1.2.6 成土时间对土壤形成的影响

时间是一个重要的成土因素。虽然时间因素对土壤的形成没有直接的影响，但时间因素可体现土壤的不断发展。它可阐明土壤在历史进程中发生、发育、演变的动态过程，也是我们研究土壤特性、发生分类的重要基础。

（1）土壤年龄的概念

同一切历史自然体一样，土壤也有一定的年龄。土壤年龄是指土壤发生发育时间的长短。威廉斯提出了土壤的绝对年龄和相对年龄的概念。土壤绝对年龄是指从该土壤的新鲜风化层或新母质上开始发育的时候算起迄今所经历的时间，通常用年作单位。从这一观点出发，发育于低纬度地区的热带土壤较高纬度地区的土壤古老，因为该地区的土壤没有受到冰川影响，没有古土壤受到破坏而新生土壤形成的过程，土壤年龄为数十万年或者百万年。相对年龄是指个体土壤的发育阶段或土壤的发育程度。在一定区域内，土壤剖面发育和土层分异越明显，相对年龄就越大。

无论是绝对年龄，还是相对年龄，都可以表示成土过程的速度以及土壤发育阶段的更替速度。对于两个相对年龄相同或发育程度相同的土壤来说，绝对年龄大的土壤较绝对年龄小的土壤发育速度慢；而对于两个绝对年龄相同的土壤来说，相对年龄小的土壤发育速度较相对年龄大的土壤发育速度慢。

相对年龄可以通过土壤发育程度即剖面土层分异程度来判断。绝对年龄则用地学测年的方法确定，如地层对比法、古地磁断代法、热释光法、同位素法等。

（2）土壤的发育速度

土壤的发育速度取决于成土条件，不同的土壤发育阶段，土壤发育速度也不同。

在干旱寒冷的气候条件下，发育在坚硬岩石上的土壤，发育速度极其缓慢，长期处于幼年土阶段（按相对年龄）。另外，在温暖湿润的气候条件下，松散母质上的土壤发育速度非常迅速，在短时间内即可发育为成熟土壤。

Mohr 和 Van Baren 将热带地区的土壤形成分为 5 个阶段：①初期，未风化的母质；②青少年期，风化已经开始，但许多母质物质仍保留在土壤中；③壮年期，易风化的矿物大部分已分解，黏粒明显增加；④老年期，矿物分解已处于最后阶段，只有少数强抗风化的原生矿物被保存；⑤最后阶段，土壤发育已完成，原生矿物基本上彻底风化。海南岛气温高、湿度大，丘陵与山地土壤多处于老年期和最后阶段。由于海南岛成土因素存在不同的组合，它们对土壤的综合作用也有所差别，因而形成了岛内各种各样的土壤类型。

根据海南琼北—雷州半岛玄武岩发育的土壤时间序列（0.01 Ma，0.58 Ma，0.92 Ma，1.33 Ma，2.04 Ma，3.04 Ma，3.76 Ma 和 6.12 Ma）：①随着风化成土时间的延长，pH 不断下降，但至富铁土（1.33 Ma）趋于稳定；CEC、盐基饱和度下降。Al_2O_3、Fe_2O_3、TiO_2 增加，而钙、镁、钾、钠淋失强烈，SiO_2 降低。土壤中 NaOH 溶液提取的铝含量（Al_{Na}）和 DCB 提取的铝含量（Al_d）均增大，但前者趋势更明显，酸性草酸铵溶液提取的铝含量（Al_o）/Al_{Na}、酸性草酸铵溶液提取的硅含量（Si_o）均随成土年龄而出现有规律的变化。②高岭石含量随风化成土年代的增加而逐渐增高，至富铁土时含量已达最高，之后含量下降。三水铝石含量逐渐增加。赤铁矿含量和结晶程度也随风化成土年代的增加而增高。磁赤铁矿也有增加的趋势。③成土年龄对常量元素迁移率的影响具有一定的阶段性特征，早期影响显著，当风化成壤作用进行到一定程度后，影响明显减弱。④从新成土（0.01 Ma）到铁铝土阶段（6.12 Ma），土壤中石英颗粒表面风化程度逐渐加深，机械作用形成的特征完全消失，石英颗粒逐渐出现裂解现象。⑤土壤中植硅体从新成土到富铁土阶段（0.01 ～ 1.33 Ma）急剧降低，从富铁土到铁铝土阶段（1.33 ～ 6.12 Ma）降幅明显减少，进入铁铝土阶段则基本趋于稳定。

1.3 土壤环境质量状况

1.3.1 重金属

（1）土壤重金属背景值

土壤毒害微量元素的来源有自然来源和人为输入两种途径。成土母质中毒害微量元素的含量决定了其在土壤中的最初含量。在成土过程中，各种原生矿物的风化分解和土壤中生物体的腐殖化过程会对土壤毒害微量元素积累有一定影响。人类活动产生的毒害微量元素，直接或间接进入土壤并逐渐积累而造成局部土壤污染。随着社会经济的快速发展和自然资源的高强度开发利用，人类活动造成的毒害微量元素排放强度逐渐增加，影响区域不断扩大，其污染已经成为一个危害全球环境质量的主要问题。因此，研究土壤毒害微量元素的分布特征并识别其来源，对土壤毒害微量元素的污染防治具有非常重要的意义。

目前，对于土壤元素背景值的确定还没有统一的方法。常用的方法主要分为4类：均值标准差迭代剔除法、累计频率法、相关分析法和深层含量比较法。前两类方法利用土壤元素含量的数据分析特征，提出受人为影响较大的样品后计算获得土壤元素背景值，后两类方法通过参比或类比来确定区域土壤元素背景含量。

（2）海南土壤重金属

自1988年海南建省以来，全省尺度的土壤环境质量调查有2004—2005年的“海南岛多目标区域地球化学调查”、2008年的“海南省‘十一五’土壤环境质量状况调查”和2017—2018年的“海南省农用地土壤污染状况详查”，结果显示，海南省土壤环境质量现状基本维持在背景水平，农产品质量总体安全。

海南省表层土壤的镉、汞、砷、铅、铬5项与农产品质量相关的重金属中，主要超标元素为铬；铜、镍、锌3项与生态安全相关的重金属中，主要超标元素为镍和铜；8项重金属的超标比例由高到低依次是镍、铬、铜、锌、镉、砷、铅和汞。重金属超标点位主要分布在琼北玄武岩区、琼西变质岩及花岗岩区、琼东变质岩区，其他区域有零星分布。土壤超标元素主要影响因素是自然因素。金属矿产资源开发等人类活动在局部区域对周边农用地土壤带来一定的污染，其污染物主要迁移途径为地表径流。

1.3.2 其他污染物

吴东明等（2014）对海南省瓜菜田土壤中的有机氯农药残留研究结果表明，土壤中的滴滴涕（DDTs）和六六六（HCHs）残留量水平较低，远低于国家土壤质量一级标准，符合无公害农产品基地土壤环境质量标准，其生态风险较低。刘华峰等（2007）对海南岛东寨港区域水体的有机氯农药组成及时空分布进行了研究，结果表明地表水与海水中的有机氯组成并不完全相同，与国内其他地区相比，研究区域内水体中有机氯农药含量处于中低水平。王伟等（2009）发现饰纹姬蛙（*Microhyla ornata*）在海南省农田害虫生态防治中发挥着重大作用，但农药和化肥的大量施用，严重影响了其生存环境，饰纹姬蛙的数目显著降低，在害虫高发季节，农产品生产过程中不得不加大了农药的施用量，从而造成了生态环境的破坏。王华等（2006）从长年施用乐果的土壤中分离筛选出来一批微生物，其中细菌菌株共 200 多株，真菌共 100 多株，它们均能在以乐果农药为唯一碳源的培养基上生长。通过进一步的筛选优化，获得 8 株能在高浓度乐果中生长的细菌。

马社霞等（2013）分析了 2011 年 1—10 月海南省五指山背景点的大气 $PM_{2.5}$ 环境样品，发现多环芳烃总浓度（Σ16PAHs）为 1.773 ～ 4.612 ng/m^3，平均浓度为 3.101 ng/m^3 ± 0.720 ng/m^3；$PM_{2.5}$ 主要来源于生物质燃烧；海南省五指山背景点的 ΣBaPeq 为 0.364 ng/m^3，低于我国和世界卫生组织（WHO）对 BaP 的规定值。

第二章 土壤类型

土壤分类是土壤科学水平的标志，是土壤调查制图的理论基础，是合理利用土壤资源的依据之一，也是土壤信息的载体和国内外土壤信息交流的媒介。因此，土壤分类不仅在理论上，而且在实践上均有重要意义。随着科学的进步，土壤分类研究也在迅速发展，尤其自 20 世纪 70 年代以来，土壤分类研究的发展突飞猛进。像全国其他各地一样，海南岛的土壤分类研究工作，也随着我国土壤分类研究的发展而不断演进，大致也经历了美国马伯特土壤分类、土壤地理发生分类和土壤系统分类 3 个阶段。

2.1 马伯特土壤分类

我国古代朴素的土壤分类开始较早，而近代土壤分类始于 20 世纪 30 年代。当时，在美国土壤学家 Thorp 的帮助下，我国开展了土壤调查，在他主持编写的《中国之土壤》一书中，采用了当时的美国土壤分类制——马伯特（Marbut）分类，将土壤分为钙成土和淋余土两大类，在淋余土中又分为灰壤、准灰壤、红壤、黄壤和水稻土等，在基层分类方面也初步建立了一批土系。但因为海南地处南部，交通不便，所以当时这项调查并没有涉及海南。

从 20 世纪 40 年代开始，人们对海南岛及其周围地区土壤陆续开展了零星调查，如席连之（1947）、陆发熹（1947）等对南沙群岛和西沙群岛的考察，建立了南沙系、长岛系、太平岛系、永兴岛系、林岛系以及林康岛系。陆发熹（1947）将后三个土系归为黑色石灰土。40 年代，日本学者永田武雄（1941）对海南岛土壤作过一些调查，他在全岛共取样 55 个点，主要分析土壤 pH、有机质和一些养分，所用的土壤分类不成系统，包括砂土、壤土、砂壤土、砂质土，还有冲积土、殖土和殖壤土等，很难归为马伯特分类，不过在时间上处于这个阶段。

直至 20 世纪 50 年代初期，为了在海南岛发展橡胶等热带作物，人们开始了大规模的土壤调查。1952 年，以宋达泉为代表的土壤学家，根据马伯特分类拟订了海南岛的土类和土系分类方案（表 2-1），其中划分出了红壤、灰化红壤、黄壤、灰棕壤、幼年土和冲积土 6 个土类，其下又初步划分了 42 个土系，虽然限于当时条件，没有足够的理化分析资料，但却首次反映了整个海南岛土壤类型的初步轮廓，并在橡胶宜林地调查中发挥了作用。

表 2-1 海南岛土壤分类简表

土类	土系	成土物质	地形	排水	pH	肥力	利用方式
红壤	徐闻系	玄武岩	台地	良好	5.0 ～ 5.5	中—高	草地、杂木林和耕地
	罗岗系	花岗岩	丘陵	良好	4.0 ～ 5.0	中—低	林地、灌木、草地、耕地
	王姆岭系	花岗岩	山地	良好	—	—	以森林为主
	那大系	石英岩及云母片岩	丘陵	良好	4.5	中	次生林、耕地
	侨岭系	云母片岩	山岗	—	4.5 ～ 5.0	中	次生林、耕地
	长坡系	片岩及铁盘层	低丘	—	—	—	大部分荒地，小部分耕地
	海口系	浅海沉积物	平缓台地及缓坡地	良好	4.5	中	草地、灌木或林地，小部分为耕地
	文昌系	风积沙	微起伏地	良好	4.5	低	草地
	土桥系	玄武岩	平缓台地	中等	5.0	中	草地、灌木、耕地
	中原系	砂岩间有紫砂岩	低丘	良好	4.5 ～ 5.0	中—低	矮草地，少量耕地
	阳江系	粗砂岩砾岩	低丘	良好	4.5 ～ 5.0	中—低	岗松及芒萁为主
	造坡系	疏松紫色岩	低丘	良好	4.3 ～ 5.0	中—低	草地及灌木林
	山地岭系	砾质粗砂岩	高丘	良好	4.3 ～ 4.5	低	矮草及散生灌木
	南丰系	花岗岩	丘陵	良好	5.0	—	—
	赤龙系	老冲积沙层	台地	良好	4.5 ～ 5.5	—	—
	石古系	花岗岩	岗丘	良好	4.5	中	草地及灌木
	高岭头系	花岗岩	高岗台地	中等	4.5	中—低	草地及灌木
	北海系	浅海沉积物	平台或缓坡	良好	4.5 ～ 5.0	中—低	荒地及耕地
	铁炉坡系	砾岩	丘陵	良好	—	—	—
	和舍系	石英岩	丘陵	良好	4.5 ～ 6.0	中—低	荒地或耕地
灰化红壤	红罗头系	花岗岩	缓坡	良好	4.5	中—高	次生林与草地

土类	土系	成土物质	地形	排水	pH	肥力	利用方式
黄壤	大连岭系	花岗岩、石英岩	低丘	中等	4.0 ～ 4.5	中	灌木林
	四方坡系	云母片岩	低丘	中等	4.5	中	灌木林
	大茂市系	老冲积沙层	低丘	—	5.0	—	耕地
	合口系	花岗岩	山地或丘陵	不良	4.5	—	次生林和耕地
	大遥岭系	石英岩、云母片岩	山地或丘陵	不良	4.5	—	—
	和祥系	石英岩	山地或丘陵	—	—	—	耕地
	美亭系	冲积沙砾层	河谷台地	中等	4.5	中	耕地或草地
	黄竹市系	玄武岩	台地	中等—不良	4.5 ～ 5.0	中—低	草地、灌木或耕地
	那西系	老冲积黏土层	低缓丘	不良	4.5	中	草地
	兰洋系	花岗岩或片岩	低缓丘	不良	4.5	中	草地
	曲界系	玄武岩	台地	不良	5.0 ～ 5.5	中	草地及耕地
	彼德沟系	砂岩或砾质砂岩	山地或丘陵	不良	5.0 ～ 5.5	中	荒地及耕地
灰棕壤	南牛岭系	石英岩	山岭及高丘	良好	4.5	中—高	以森林为主
	大枫岭系	花岗岩	山岭及高丘	良好	4.5	中—高	以森林为主
幼年土	北排山系	凝灰岩及玄武岩	山坡地	良好	4.5	低	草地
	北岭系	花岗岩（紫红）	丘陵山地	良好	4.5 ～ 5.0	中	林地及耕地
	雅星系	花岗斑岩	丘陵	良好	6.5	低	矮草及荒地
	王五市系	紫色砂岩	丘陵	良好	6.5	中	中草及荒地
冲积土	礼记系	冲积物	沿河阶地	不良	5.5 ～ 6.0	中	草地
	宁远溪系	冲积物	冲积地	良好	6.0	低	耕地
	东城系	冲积物	丘陵地	良好	4.5	中—高	荒地、低草及小灌木

2.2 土壤地理发生分类阶段

1954 年，随着中国和苏联关系的发展，我国土壤学界开始全面学习苏联土壤分类的经验，这一分类立足于地带性学说，以成土条件为依据，以土类为基本单元，包括土类、亚类、土属、土种和变种 5 级分类制。这一分类的引进与我国国民经济的恢复和发展处于同一时期，故其影响十分深远，因此土壤地理发生分类在我国一直沿用至今。

1954—1955 年，何金海、石华等进行了全岛土壤调查，在《海南岛土壤调查报告》中首次应用了土壤发生分类，除红壤、黄壤外，划分出了红棕壤、砖红壤性土、水稻土、盐土和砂土；在黄壤下分为黄壤和灰化黄壤；在红壤下分为红壤、灰化红壤和红壤化土；在砖红壤性土下分为砖红壤性红色土和砖红壤性黄色土（表 2-2），并附相应的土壤图和土壤利用改良分区图。

表 2-2 海南岛土壤分类（何金海等，1958）

土类	亚类	土类	亚类
黄壤	黄壤	砖红壤性土	砖红壤性红色土
	灰化黄壤		砖红壤性黄色土
红壤	红壤	水稻土	—
	灰化红壤	盐土	—
	红壤化土	砂土	—
红棕壤	—		

这一阶段，在基层分类方面，尤其是土种一级主要根据有机质层厚度和土层厚度来划分，如厚有机质层厚层红壤、厚有机质层薄层红壤、薄有机质层厚层红壤和薄有机质层薄层红壤等，分别简称厚厚红壤、厚薄红壤、薄厚红壤和薄薄红壤等。这一分类在华南橡胶宜林地调查中得到了广泛应用。石华（1986）在此基础上，编制了海南岛土壤图（1∶100 万）。

土壤学家柯夫达（Ковда Виктор Абромович）（1960）的著述中，以经典的地理发生分类观点将海南地带性土壤分别称为黄色砖红壤、红色砖红壤和黄红色砖红壤等（表 2-3）。

表 2-3 海南岛土壤分类单元（柯夫达，1960）

1. 山地红壤与黄壤	6. 山地红色砖红壤	11. 砖红壤性水铝英石土
2. 山地黄色砖红壤	7. 侵蚀、薄层和粗骨山地红色砖红壤	12. 水化砖红壤性水铝英石土
3. 侵蚀、薄层和粗骨山地黄色砖红壤	8. 石质黄红色砖红壤	13. 冲积性草甸土
4. 山地黄红色砖红壤	9. 砂质黄红色砖红壤	14. 滨海砂土
5. 侵蚀、薄层和粗骨山地黄红色砖红壤	10. 砂质红色（黄色）砖红壤	15. 滨海盐土

在 20 世纪 70 年代后期，中国土壤工作者团结协作，集思广益，提出了一个《中国土壤分类暂行草案》（中国土壤学会分类委员会，1978），这一分类中在原有的发生分类基础上，增加了一些耕种土壤类型，同时增加了南海诸岛的土壤类型——磷质石灰土。80 年代在广泛调查热作土壤的基础上，在黄宗道领导下的华南热带作物学院（1985）和梁继兴（1988）编著的《海南岛热带作物土壤图（1∶50 万）》与《海南岛主要土壤类型概要》中，持同样的观点对海南岛土壤进行了分类。在文章中列举了海南岛 20 个土壤类型，并进行了详细说明。

第二次全国土壤普查期间海南省已独立成省，根据全国土壤普查办公室的统一布置，建立了海南省土壤分类，共分为 6 个土纲、8 个亚纲、15 个土类、30 个亚类、116 个土属和 193 个土种，出版了《海南土壤》和《海南土种志》以及相应的图件，这是迄今为止海南省最为详细的土壤分类（表 2-4）。

表 2-4 海南省第二次全国土壤普查分类系统（海南省农业厅土肥站，1994）

土纲	亚纲	土类	亚类	土属	土种
铁铝土	湿热铁铝土	砖红壤	砖红壤	玄武岩砖红壤	厚层、中层、薄层玄武岩砖红壤
				玄武岩赤土地	灰赤土、灰赤沙泥、灰铁子赤土
				浅海沉积物砖红壤	厚层浅海砖红壤
				浅海沉积物赤土地	灰浅海赤土
				花岗岩砖红壤	厚层、中层、薄层麻砖红壤
				花岗岩赤土地	灰麻赤土
				砂页岩砖红壤	厚层、中层、薄层页砖红壤
				砂页岩赤土地	灰页赤土
				安山岩砖红壤	厚层、中层安砖红壤
				安山岩赤土地	灰安赤土

土纲	亚纲	土类	亚类	土属	土种
铁铝土	湿热铁铝土	砖红壤	黄色砖红壤	玄武岩黄色砖红壤	厚层玄武岩黄色砖红壤
				玄武岩黄色赤土地	灰黄色赤土、灰黄色铁子赤土
				浅海沉积物黄色砖红壤	厚层浅海黄色砖红壤
				浅海黄色赤土地	灰浅海黄色赤土
				花岗岩黄色砖红壤	厚层、中层麻黄色砖红壤
				花岗岩黄色赤土地	麻黄色赤土地
				砂页岩黄色砖红壤	厚层、中层、薄层页黄色砖红壤
				砂页岩黄色赤土地	灰页黄色赤土
				安山岩黄色砖红壤	安黄色砖红壤
				安山岩黄色赤土地	灰安黄色赤土
			褐色砖红壤	花岗岩褐色砖红壤	厚层、中层、薄层麻褐色砖红壤
				花岗岩褐色赤土地	灰麻褐色赤土
				砂页岩褐色砖红壤	厚层、中层页褐色砖红壤
				砂页岩褐色赤土地	灰页褐色赤土
				安山岩褐色砖红壤	厚层安褐色砖红壤
		赤红壤	赤红壤	花岗岩赤红壤	厚层麻赤红壤
				花岗岩赤红土	灰麻赤红土
				砂页岩赤红壤	厚层、中层、薄层页赤红壤
				砂页岩赤红土地	灰页赤红土
				安山岩赤红壤	厚层安赤红壤
			黄色赤红壤	花岗岩黄色赤红壤	厚层麻黄色赤红壤
				花岗岩黄色赤红地	灰麻黄色赤红土
				砂页岩黄色赤红壤	厚层页黄色赤红壤
				安山岩黄色赤红壤	厚层安黄色赤红壤
			赤红壤性土	花岗岩赤红壤性土	麻赤红壤性土
				砂页岩赤红壤性土	页赤红壤性土
	湿暖铁铝土	黄壤	黄壤	花岗岩黄壤	厚层花黄壤
				砂页岩黄壤	厚层、中层、薄层页黄壤
			黄壤性土	砂页岩黄壤性土	页黄壤性土

土纲	亚纲	土类	亚类	土属	土种
半淋溶土	中湿热半淋溶土	燥红土	燥红土	浅海沉积物燥红土	厚层浅海燥红土
				浅海沉积物燥红地	灰浅海燥红土
				花岗岩燥红土	厚层、中层麻燥红土
				花岗岩燥红地	灰麻燥红土
				砂页岩燥红壤	厚层、中层、薄层页燥红土
				砂页岩燥红地	灰页燥红土
				安山岩燥红土	厚层安燥红土
初育土	土质初育土	新积土	冲积土	冲积土	潮沙泥土
				冲积地	灰潮沙泥地
				菜园地	菜土
		滨海沙土	滨海沙土	滨海沙土	固定、半固定、流动沙土
				滨海沙土地	灰滨海沙土、灰滨海沙姜、灰滨海贝屑
	石质初育土	石灰（岩）土	红色石灰土	红色石灰土	厚层、中层、薄层红色石灰土
				红色石灰地	红色石灰地
		火山灰土	火山灰土	基性火山灰土	厚层、中层、薄层基性火山灰土
				基性火山灰地	灰火山灰土、灰火山灰铁子、灰火山灰砾石
		紫色土	酸性紫色土	酸性紫色土	厚层、中层、薄层酸性紫色土
				酸性紫色土地	酸性紫色土地
		珊瑚沙土	珊瑚沙土	珊瑚沙土	珊瑚沙土
			磷质珊瑚沙土	磷质珊瑚沙土	磷质珊瑚沙土
			硬盘海鸟粪珊瑚沙土	硬盘海鸟粪珊瑚沙土	硬盘海鸟粪珊瑚沙土
		石质土	酸性石质土	花岗岩石质土	花岗岩石质土
				砂页岩石质土	砂页岩石质土
			中性石质土	玄武岩石质土	玄武岩石质土
				火山灰石质土	火山灰石质土
水成土	水成土	沼泽土	沼泽土	沼泽土	沼泽土

土纲	亚纲	土类	亚类	土属	土种
盐碱土	盐土	滨海盐土	滨海盐土	滨海盐土	滨海盐土
			滨海沼泽盐土	涂泥土滩	涂泥土滩
				涂沙土滩	涂沙土滩
				涂沙泥土滩	涂沙泥土滩
		酸性硫酸盐土	酸性硫酸盐土	酸性硫酸盐土	灰酸性硫酸盐土
人为土	水稻土	水稻土	潴育水稻土	紫色田	紫沙泥田
				炭质黑泥田	黑泥沙田、黑泥底田
				赤土田	赤土田、彩土田
				火山灰田	铁子底黑土田、火山灰赤土田
				洪积黄泥田	洪积黄泥田
				宽谷冲积土田	谷积沙泥田
				河沙泥田	河沙泥田、河黄泥底田
				潮沙泥田	潮沙泥田
				泥肉田	泥肉田、赤泥肉田、麻泥肉田……
				红赤土田	红赤土田、红坜土田、红铁盘底田
				页赤土田	页赤土田、页赤黏土田
				安赤土田	安赤土田
				红褐赤土田	麻褐赤土田
				页褐赤土田	页褐赤土田
				安褐赤土田	安褐赤土田
				菜田	菜田
			淹育性水稻土	红色石灰田	红色石灰田
				浅紫泥田	浅脚紫泥田
				浅脚赤土田	浅脚赤土田、浅脚铁子赤土田
				浅脚火山灰田	浅脚黑石土田、浅脚铁子底黑泥土
				浅脚炭质黑泥田	浅脚炭质黑泥田
				浅脚燥红土田	浅脚燥红土田
				生泥田	生紫泥田、生赤土田、生火山灰田
				浅脚红赤土田	浅红赤土田、浅红褐赤土田
				浅脚浅海赤土田	浅海赤土田
				浅脚页赤土田	浅页赤土田、浅页褐赤土田
				浅河沙田	浅河沙田
				浅脚安赤土田	浅安赤土田

土纲	亚纲	土类	亚类	土属	土种
人为土	水稻土	水稻土	渗育水稻土	滨海石灰田	滨海石灰田、浅海石灰田
				浅海赤土田	浅海赤土田
				浅海燥红土田	燥红沙泥田
				冷底田	冷底田、铁锈水田、顽泥田
				乌泥底田	乌泥底田
				青格泥田	河青格泥田、赤青格泥田
				青泥底田	青泥底田
				烂并田	烂并田
			潜育水稻土	冷浸田	河冷浸田、赤冷浸田、红冷浸田
				热水田	热水田
				渍水田	渍水田
				泥炭土田	泥炭土田
			脱潜水稻土	低青泥田	潮低青泥田、赤低青泥田、红低青泥田
			漂洗水稻土	白鳝泥肉	白鳝泥肉
				滨海沙质田	滨海沙质田
				沙漏田	红沙漏田、页沙漏田
			盐渍水稻土	咸田	轻咸田、中咸田
				咸酸田	轻咸酸田

2.3 土壤系统分类

中国土壤系统分类研究由中国科学院南京土壤研究所主持，先后有35个协作单位参加。该研究从1984年开始，先后发表了《中国土壤系统分类初拟》（1985）、《中国土壤系统分类（首次方案）》（1991）、《中国土壤系统分类（修订方案）》（1995）和《中国土壤系统分类检索》（第三版）（2001），确立了土纲、亚纲、土类、亚类、土族和土系的多级制分类体系，标志着我国土壤分类从定性走向了定量，相关成果在国内外产生了比较大的影响。

从20世纪90年代开始至2001年，中国科学院南京土壤研究所及中国热带农业科学院的土壤学工作者，对海南岛进行了中国土壤系统分类中的土壤基层分类研究，并于2004年出版了《海南岛土系概论》一书。

2008—2012年，在国家科技基础性工作专项“我国土系调查与《中国土系志》

编制”（2008FY110600）的资助下，在《海南岛土系概论》的基础上，中国热带农业科学院热带作物品种资源研究所开展了海南土系调查，根据土系划分原则，在对海南全岛 367 个土壤剖面调查分析资料进行反复筛选、归纳、提炼、整理和归类后，建立 93 个新土系（表 2-5，不含《海南岛土系概论》划分出的 77 个土系），涉及 7 个土纲、11 个亚纲、22 个土类、32 个亚类、62 个土族，也发表了儋州市土系划分方面的科研论文。

杨安富等 2020 年首次开展了具有完整信息和数据记录的我国南海岛礁土系建设工作，对西沙群岛的 13 个岛礁开展系统土壤调查，选择研究的 7 个典型样点中，2 个归属于磷质钙质湿润雏形土亚类，4 个归属于磷质湿润正常新成土亚类，1 个归属于钙质湿润正常新成土亚类，并在此基础上划分了 4 个土族，建立了晋卿岛系、甘泉岛系、永兴岛系、赵述岛系、南沙洲系和甘泉堤系 6 个土系。

表 2-5　海南省土系分布统计

土纲	亚纲	土类	亚类	土族	土系
人为土	1	4	9	26	44
火山灰土	1	2	2	2	2
铁铝土	1	1	1	1	1
富铁土	2	3	4	6	8
淋溶土	2	4	7	13	22
雏形土	3	6	7	12	14
新成土	1	2	2	2	2
合计	11	22	32	62	93

第三章 典型土壤环境质量调查

3.1 点位布设

以典型土壤类型为调查单元，广泛收集海南省气候、母质、地形资料和图件，以及海南省各市（县）的第二次全国土壤普查资料，包括《海南土壤》《海南土种志》、各市（县）土壤普查报告以及 1∶20 万和 1∶5 万土壤图。

通过气候分区图、母质（母岩）图、地形图叠加形成不同综合单元图，再考虑各综合单元对应的第二次全国土壤普查中的土壤类型及其代表的面积大小，确定典型土壤调查样点分布，共挖掘单个土体剖面 58 个，单个土体空间分布见图 3-1。

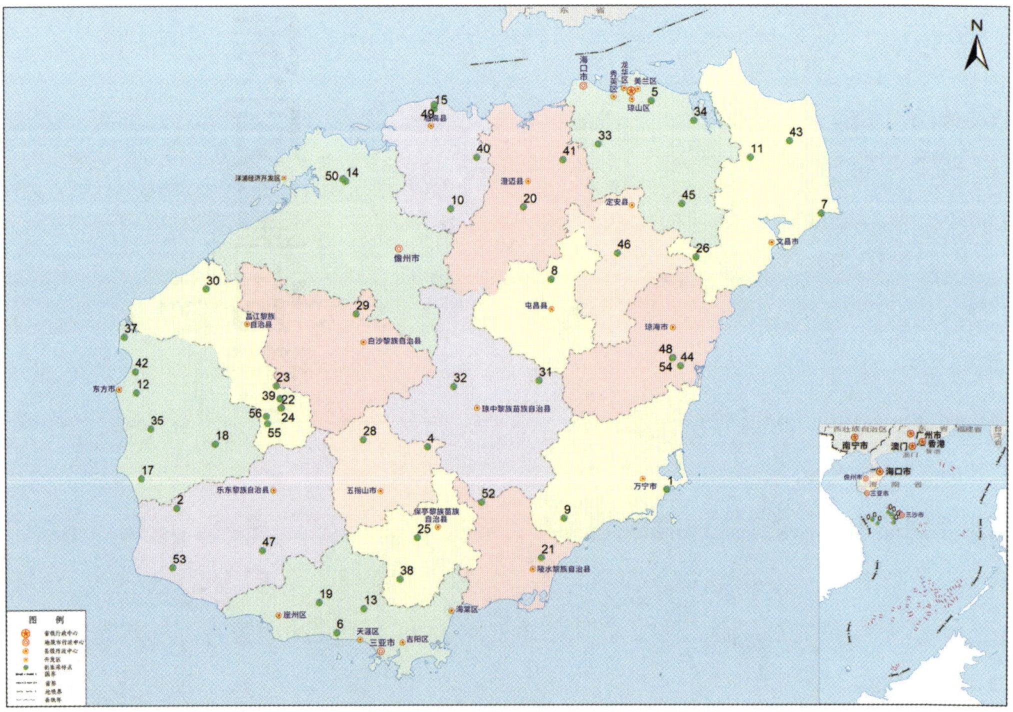

图 3-1 剖面采样点位分布图

每个采样点（单个土体）土壤剖面挖掘、地理景观、剖面形态描述依据《野外土壤描述与采样手册》，土样样品测定分析方法依据《土壤调查实验室分析方法》，土壤系统分类高级单元确定依据《中国土壤系统分类检索》（第三版），土族和土系建立依据《中国土壤系统分类土族和土系划分标准》。

3.2 样品采集

3.2.1 发生层土样采集

针对每个单个土体的土壤剖面，根据土壤的颜色、结构、紧实度、新生体、根系、侵入体等特征上的差异，划分土壤发生层次，由下而上地采集各层环刀样（测定容重），用非金属工具采集分析测定土样，采样时注意层次内的空间均匀性，表层或耕作层的分析测定土样采用全层柱状连续采样，每层采集土样 1.5 kg，放入干净的布袋或塑料袋内，袋内外均应附有标签，标签上注明采样地点、剖面号码、土层和深度。

3.2.2 整段土壤标本采样方法

土壤剖面样品野外采集主要分为以下 9 个步骤，适用于大多数土壤类型的采集。

①准备挖土坑的工具：镢、锹、镐、铲等工具。

②准备修土柱的工具：剖面刀、油漆刀、平头铲、木条尺、手锯、修枝剪、石凿、绳子、宽布条、泡沫塑料“布”。

③准备装标本的木盒或铁皮盒：内径 100 cm（高）×21.5 cm（宽）×5 cm（厚），其框架和后盖板用 2 cm 厚木板制成，前盖板稍薄。前后盖板用螺钉固定在框架上，可随时卸离。

④挖土坑：用镢、锹、镐、铲等工具在确定的位置上挖土坑，为便于实地操作，所挖的土坑尺度应该比标准剖面稍大些。

⑤修整剖面：先用平头铲将剖面表面略为修平，再用木条尺在表面反复摩擦。有尺痕处即为凸面，应用油漆刀铲去，如此反复，直至剖面表面修平。

⑥修切土柱：用剖面刀在剖面上划出土柱尺寸，用油漆刀切去线外多余土壤，整修出与木盒内径相同的长方形土柱。在铲挖土柱两个侧面时，要用木条尺反复摩擦，多次修正，直至侧面光滑平整。

⑦框套土柱：把土柱底部挖空，将木框架套入，用大剖面刀削平土柱，盖上后盖并用螺钉固定。同时用一根杖顶住木盒，使勿倾倒。

⑧分离土柱：自上而下小心地在木盒两侧将土柱切出，可以用手锯将土柱从背面锯断。遇到植物根系要用修枝剪剪去。当上部部分土柱与坑壁分离后，即用 10 cm 宽的布带绕捆木盒和土柱以防土柱倒塌。当绕捆至土柱大半时，插入铁铲或

撬棒，将土柱向后倾倒，抬出土坑，平放于地面。

⑨运输：解开布带，去除多余土壤。土柱与木盒间空隙处用塑料袋装些土后填塞。铺上塑料薄膜并将面板盖上，用螺钉固定。在木盒上写上标记后，用大块泡沫塑料“布”包裹。外面用宽布带捆牢，即可运输到室内制作标本。

3.2.3 整段土壤标本制作方法

（1）标本整理

①标本形状整理成与标本实际尺寸一致，即 100 cm×21.5 cm×5 cm；

②大缝隙填土，要求样品土壤和标本土壤一致，样品土壤要塞实；

③小缝隙塞纸，要求纸不能卷起来塞，只能均匀塞进去；

④钻孔，根据标本硬度，选用 1.5 mm、1.8 mm 或 2 mm 的钻头；

⑤喷胶水；

⑥放黄沙并找平。

（2）黏麻布、上底板和工程夹

①清除标本表面浮沙，用刮刀清除，若很硬可用刀具清除，然后用刷子刷干净；

②裁剪麻布，要求和底板大小一致；

③标本均匀铺上原胶，用麻布再次找平；

④铺上麻布，每一层都用原胶涂抹均匀；

⑤盖上底板，每个接触面都用厚胶涂抹均匀；

⑥上工程夹，不断用胶锤修正尺寸使底板与标本重合，工程夹先松后紧，两个工程夹下面放上长方形小木板，编号写在底板上面。

（3）拆除标本盒子

①由于标本干后胶水很硬，需材质好的刮刀用锤子垂直砸下，将土壤和木盒分离，注意一定要贴着木板砸；

②拆除木盒的螺丝，将标本翻过来拆除原来的盖板，拆除盖板和四周边框时一定要细心，尽量使标本完整拆开。

（4）原状标本剖面的制作

①用锥子雕刻，要求以剥离为主，以雕刻为辅。手不能按压剖面，不能用刷子清除浮土，只能用吹风机吹去浮土。因为标本的剖面和人的皮肤一样也是有毛孔的，一堵塞就不好看了。

②用剪刀、镊子取出标本缝隙的卷纸，细心去除胶皮，用裁边机修边再用剪刀清除干净。

③如遇标本打开后散了，可重新制作木盒，用土壤原状样品放好塞实后喷胶水，待干后再制作，注意颜色一定要一致。

④雕刻完后将明显的锥子痕迹尽量清除。

⑤所有标本制作完后再修复一次，先用吹风机再次将标本吹一次，然后用胶水均匀喷一下。

⑥稍干后再次将锥子痕迹和不理想的地方修一下，修边的地方或再次裁边的地方喷一下稀胶水。

3.3　样品测试

分析测试方法及检出限：按照中国土壤系统分类和发生分类鉴别等相关要求，测试指标有 pH、有机质、全氮、碱解氮、速效磷、阳离子交换量、镉、汞、砷、铅、铜、锌、镍、机械组成、容重、交换性盐基、全铁、游离铁等 37 项指标。对于全文所体现的元素和指标的量纲如表 3-1 所示，所有检测数据按照科学的方法进行保留有效数字，其中检测数据为 0 的表明未检出或是保留有效数字时四舍五入后为 0。

表 3-1　检测指标的检测方法及检出限

检测项目	检测方法	检出限	单位
pH	《土壤中 pH 值的测定》（NY/T 1377—2007）	0.01	—
有机质	《土壤检测　第 6 部分：土壤有机质的测定》（NY/T 1121.6—2006）	0.01	g/kg
全氮	《土壤检测　第 24 部分：土壤全氮的测定　自动定氮仪法》（NY/T 1121.24—2012）	0.001	g/kg
碱解氮	《森林土壤氮的测定》（LY/T 1228—2015）	1	mg/kg
速效磷	《森林土壤磷的测定》（LY/T 1232—2015）	0.01	mg/kg
阳离子交换量	《森林土壤阳离子交换量的测定》（LY/T 1243—1999）	0.1	cmol/L
汞	《土壤质量　总汞、总砷、总铅的测定　原子荧光法　第 1 部分：土壤中总汞的测定》（GB/T 22105.1—2008）	0.002	mg/kg

检测项目	检测方法	检出限	单位
镉	《全国土壤污染状况详查土壤样品分析测试方法技术规定》2-1	0.03	mg/kg
铅	《全国土壤污染状况详查土壤样品分析测试方法技术规定》2-1	2	mg/kg
砷	《土壤质量 总汞、总砷、总铅的测定 原子荧光法 第 2 部分：土壤中总砷的测定》（GB/T 22105.2—2008）	0.01	mg/kg
铜	《全国土壤污染状况详查土壤样品分析测试方法技术规定》2-1	0.6	mg/kg
锌	《全国土壤污染状况详查土壤样品分析测试方法技术规定》2-1	2	mg/kg
铬	《全国土壤污染状况详查土壤样品分析测试方法技术规定》2-1	0.4	mg/kg
镍	《全国土壤污染状况详查土壤样品分析测试方法技术规定》2-1	0.3	mg/kg
机械组成	《森林土壤颗粒组成（机械组成）的测定》（LY/T 1225—1999）	—	—
容重	《土壤检测 第 4 部分：土壤容重的测定》（NY/T 1121.4—2006）	0.1	g/cm^3
砾石	《土壤调查实验室分析方法》	—	—
pH（pH <5.5，KCl）	《土壤调查实验室分析方法》	0.1	—
全铁	《森林土壤矿质全量元素（硅、铁、铝、钛、锰、钙、镁、磷）烧失量的测定》（LY/T 1253—1999）	0.01	g/kg
交换性盐基（K^+）	《土壤调查实验室分析方法》	0.001	cmol/L
交换性盐基（Na^+）	《土壤调查实验室分析方法》	0.001	cmol/L
交换性盐基（Ca^{2+}）	《土壤调查实验室分析方法》	0.01	cmol/L
交换性盐基（Mg^{2+}）	《土壤调查实验室分析方法》	0.001	cmol/L
ECEC	《土壤调查实验室分析方法》	0.01	cmol/L
黏粒 CEC	《土壤调查实验室分析方法》	0.1	cmol/L
铝饱和度	《土壤调查实验室分析方法》	0.1	%
盐基饱和度	《土壤调查实验室分析方法》	0.1	%
活性铁	《土壤调查实验室分析方法》	0.001	g/kg
游离铁	《土壤调查实验室分析方法》	0.001	g/kg
铁活化度	《土壤调查实验室分析方法》	0.1	%
铁游离度	《土壤调查实验室分析方法》	0.1	%
土壤颜色（干/湿润）	MUNSELL 土壤比色卡	—	—

3.4　土壤环境质量评价

土壤的固有属性、预期土地利用类型和管理目的决定了某一特定土壤的质量，对土壤环境质量进行科学客观的评价，能够为人类开发利用土地资源，采取有效的管理措施提供重要的参考和依据，本次调查土壤环境质量评价主要参照《土壤环境质量　农用地土壤污染风险管控标准（试行）》（GB 15618—2018）等相关标准（表 3-2、表 3-3）。重金属值≤风险筛选值，评价等级为 I 类；风险筛选值＜重金属值≤风险管控值，评价等级为II类；重金属值＞风险管控值，评价等级为III类。

表 3-2　农用地土壤污染风险筛选值

序号	污染物项目		风险筛选值 /（mg/kg）			
			pH ≤ 5.5	5.5 ＜ pH ≤ 6.5	6.5 ＜ pH ≤ 7.5	pH ＞ 7.5
1	镉（Cd）	水田	0.3	0.4	0.6	0.8
		其他	0.3	0.3	0.3	0.6
2	汞（Hg）	水田	0.5	0.5	0.6	1.0
		其他	1.3	1.8	2.4	3.4
3	砷（As）	水田	30	30	25	20
		其他	40	40	30	25
4	铅（Pb）	水田	80	100	140	240
		其他	70	90	120	170
5	铬（Cr）	水田	250	250	300	350
		其他	150	150	200	250
6	铜（Cu）	果园	150	150	200	200
		其他	50	50	100	100
7	镍（Ni）		60	70	100	190
8	锌（Zn）		200	200	250	300

表 3-3　农用地土壤污染风险管控值

序号	污染物项目	风险管控值 /（mg/kg）			
		pH ≤ 5.5	5.5 ＜ pH ≤ 6.5	6.5 ＜ pH ≤ 7.5	pH ＞ 7.5
1	镉（Cd）	1.5	2.0	3.0	4.0
2	汞（Hg）	2.0	2.5	4.0	6.0
3	砷（As）	200	150	120	100
4	铅（Pb）	400	500	700	1 000
5	铬（Cr）	800	850	1 000	1 300

第四章 人为土

4.1 铁聚潜育水耕人为土

博鳌系

土族名称：黏壤质硅质混合型酸性高热性－铁聚潜育水耕人为土

拟 定 者：吴晓晨 杨安富 孟龙威

分布与环境条件 分布于海南东部的冲积平原区，海拔低于 20 m；冲积物母质，稻菜轮作或单季稻；热带海洋性气候，年均日照时数 2 100 h，气温 23 ～ 24℃，降水量 1 900 ～ 2 100 mm。

土系特征与变幅 成土过程主要是水耕熟化和潜育化，诊断层包括水耕表层和水耕氧化还原层，诊断特性有高热性土壤温度状况、人为滞水状况和潜育特征。土体厚度在 1 m 以上，剖面质地构型复杂，壤土 - 黏壤土 - 粉质黏壤土 - 粉质黏土 - 黏壤土，通体粉粒含量为 330 ～ 450 g/kg，pH 为 4.0 ～ 5.1。20 ～ 30 cm 之下土体具有潜育特征。

典型景观

代表性单个土体剖面和整段土壤标本

代表性单个土体 位于琼海市博鳌镇塘口村，19.164499° N，110.532565°E，海拔 8 m，冲积平原，冲积物母质，水田，稻菜轮作。50 cm 深土壤温度为 26.8℃。野外调查时间为 2020 年 12 月 25 日，编号为 46-2020-044。

Ap1：0 ～ 15 cm，浅黑黄色（2.5Y 5/3，干），黑黄色（2.5Y 3/2，润），壤土，小块状结构，松软，向下清晰平滑过渡。

Ap2：15 ～ 25 cm，浅黄色（2.5Y 6/3，干），浅黑黄色（2.5Y 4/2，润），黏壤土，小块状结构，稍坚实，可见少量铁锰斑纹，向下清晰平滑过渡。

Bg：25 ～ 45 cm，浅黑黄色（2.5Y 5/1，干），黑黄色（2.5Y 3/1，润），粉质黏壤土，小块状结构，稍坚实，可见中量铁锰斑纹，向下清晰平滑过渡。

Cg1：45 ～ 65 cm，棕色（10YR 5/1.5，干），黑棕色（10YR 2/2，润），粉质黏土，无结构，松软，可见少量铁锰斑纹，向下清晰平滑过渡。

Cg2：65 ～ 100 cm，黄色（2.5Y 6/3，干），亮棕色（10YR 3/4，润），黏壤土，无结构，松软，可见较多铁锰斑纹。

对比土系 龙楼系，同一土类不同亚类，普通潜育水耕人为土，母质为海相沉积物，潜育特征上界为 40 cm，土体中无铁聚特征。

生产性能综述 地势较低，易积水，土体厚，耕层偏浅，质地为壤质，耕性较好，偏酸性，有机质含量较高，碱解氮和有效磷适中，速效钾缺乏，保肥供肥能力一般，应深耕和增施钾肥。

中国土壤分类 潜育水稻土

美国系统分类 Anthraquic Eutrudepts

世界土壤资源参比基础 Hydragric Anthrosols （Dystric, Siltic, Escalic,Gleyic）

代表性单个土体土壤物理性质

土层	深度 /cm	砾石 /（V/%）	细土颗粒组成 /（g/kg）			质地	容重 /（g/cm³）
			砂粒	粉粒	黏粒		
Ap1	0 ～ 15	0	412	384	205	壤土	1.2
Ap2	15 ～ 25	0	247	414	339	黏壤土	1.4
Bg	25 ～ 45	0	196	438	366	粉质黏壤土	1.5
Cg1	45 ～ 65	0	120	436	444	粉质黏土	1.4
Cg2	65 ～ 100	0	312	383	305	黏壤土	1.1

注：砾石：＞ 2 mm 石块；砂粒：0.05 ～ 2 mm；粉粒：0.002 ～ 0.05 mm；黏粒：＜ 0.002 mm。

代表性单个土体土壤化学性质

深度 / cm	pH	有机质 /（g/kg）	全氮 /（g/kg）	碱解氮 /（mg/kg）	速效磷 /（mg/kg）	速效钾 /（mg/kg）	CEC/（cmol/kg）	游离铁 /（g/kg）
0 ～ 15	4.4	39.10	0.19	129.1	19.9	108	8.5	8.29
15 ～ 25	5.1	27.50	0.10	54.3	18.2	37.4	16.8	16.91
25 ～ 45	4.9	40.30	0.11	18.4	17.9	48.5	24.8	23.52
45 ～ 65	4.2	35.70	0.08	41.6	18.2	56.2	21.0	9.25
65 ～ 100	4.0	24.40	0.07	40.1	17.9	57.9	18.2	32.08

代表性单个土体环境质量等级

深度 /cm	铬	镍	铜	锌	镉	铅	汞	砷
0 ～ 15	Ⅰ类	Ⅰ类	Ⅰ类	Ⅰ类	Ⅰ类	Ⅰ类	Ⅰ类	Ⅰ类
15 ～ 25	Ⅰ类	Ⅰ类	Ⅰ类	Ⅰ类	Ⅰ类	Ⅰ类	Ⅰ类	Ⅰ类
25 ～ 45	Ⅰ类	Ⅰ类	Ⅰ类	Ⅰ类	Ⅰ类	Ⅰ类	Ⅰ类	Ⅰ类
45 ～ 65	Ⅰ类	Ⅰ类	Ⅰ类	Ⅰ类	Ⅰ类	Ⅰ类	Ⅰ类	Ⅰ类
65 ～ 100	Ⅰ类	Ⅰ类	Ⅰ类	Ⅰ类	Ⅰ类	Ⅰ类	Ⅰ类	Ⅰ类

环境质量背景值

指标	最小值	最大值	均值	中位数	标准偏差
pH	4.1	6.8	5.3	5.4	0.7
有机质 /%	0.91	3.91	1.29	1.29	0.24
砷 /（mg/kg）	0.1	166.0	11.1	4.1	25.5
镉 /（mg/kg）	0.03	0.27	0.13	0.11	0.07
铬 /（mg/kg）	3	65	32	33	17
铜 /（mg/kg）	2.2	43.2	12.7	11.8	7.8
汞 /（mg/kg）	0.010	0.377	0.093	0.080	0.073
镍 /（mg/kg）	0.8	23.0	9.7	9.7	5.8
铅 /（mg/kg）	4	48	20	18	13
锌 /（mg/kg）	9	185	66	61	38

注：此表数据均为表层。

4.2 普通潜育水耕人为土

好圣系

土族名称：砂质硅质混合型非酸性高热性－普通潜育水耕人为土

拟定者：吴晓晨　李德成　王登峰

分布与环境条件　分布于海南东北部海相冲积平原，海拔低于 30 m；海相沉积物母质，稻菜轮作或单季稻；热带海洋性气候，年均日照时数 2 100 h，气温 22 ～ 23℃，降水量 1 700 ～ 1 900 mm。

土系特征与变幅　成土过程主要是水耕熟化和潜育化，诊断层包括水耕表层和水耕氧化还原层；诊断特性有高热性土壤温度状况、人为滞水土壤水分状况和潜育特征。土体厚度 1 m 以上，通体为壤质砂土，砂粒含量为 820 ～ 850 g/kg，pH 为 4.2 ～ 6.1。40 cm 以下土体具有潜育特征。

典型景观

代表性单个土体剖面和整段土壤标本

代表性单个土体　位于文昌市龙楼镇好圣村，19.653176° N，111.000897° E，海拔 19 m，海相冲积平原，水田，稻菜轮作。50 cm 深土壤温度为 26.4℃。野外调查时间为 2020 年 10 月 17 日，编号为 46-2020-007。

Ap：0 ～ 20 cm，棕色（10YR 5/3，干），黑棕色（10YR 3/2，润），壤质砂土，团粒结构，松散，可见大量铁锰斑纹，向下渐变波状过渡。

AB：20 ～ 40 cm，棕色（10YR 5/3.5，干），黑棕色（10YR 3/2，润），壤质砂土，小 - 中块状结构，稍坚实，可见较多铁锰斑纹和少量铁锰结核，向下清晰平滑过渡。

Bg1：40 ～ 55 cm，暗黄色（2.5Y 6/2，干），黑黄色（2.5Y 4/1，润），壤质砂土，小 - 中块状结构，坚实，可见少量铁锰斑纹和铁锰结核，向下清晰平滑过渡。

Bg2：55 ～ 100 cm，浅黄色（2.5Y 7/2，干），浅黑黄色（2.5Y 6/1，润），壤质砂土，小 - 中块状结构，坚实，可见少量铁锰斑纹。

对比土系 博鳌系，同一土类不同亚类，铁聚潜育水耕人为土，母质为洪冲积物母质，潜育特征上界为 20 ～ 30 cm，土体有铁聚特征。

生产性能综述 地势较低，易积水，土体厚，质地砂，耕性和通透性较好，酸性强，养分低，保肥供肥能力差，应增施有机肥和复合肥，深沟排水。

中国土壤分类 潜育水稻土

美国系统分类 Anthraquic Eutrudepts

世界土壤资源参比基础 Hydragric Anthrosols （Dystric, Arenic, Escalic, Gleyic）

代表性单个土体土壤物理性质

土层	深度 /cm	砾石 /（V/%）	细土颗粒组成 /（g/kg）			质地	容重 /（g/cm³）
			砂粒	粉粒	黏粒		
Ap	0 ～ 20	0	832	87	81	壤质砂土	1.6
AB	20 ～ 40	0	822	79	98	壤质砂土	1.7
Bg1	40 ～ 55	0	849	65	86	壤质砂土	1.9
Bg2	55 ～ 100	0	822	72	106	壤质砂土	1.9

注：砾石：＞ 2 mm 石块；砂粒：0.05 ～ 2 mm；粉粒：0.002 ～ 0.05 mm；黏粒：＜ 0.002 mm。

代表性单个土体土壤化学性质

深度 /cm	pH	有机质 /（g/kg）	全氮 /（g/kg）	碱解氮 /（mg/kg）	速效磷 /（mg/kg）	速效钾 /（mg/kg）	CEC/（cmol/kg）	游离铁 /（g/kg）
0 ～ 20	4.2	13.4	0.068	64	38.7	69.2	2.9	7.71
20 ～ 40	5.2	9.67	0.056	44	31.9	55.0	2.8	9.03
40 ～ 55	5.3	5.24	0.026	21	21.4	22.7	1.9	1.34
55 ～ 100	6.1	2.10	0.014	11	16.4	29.6	1.9	0.18

代表性单个土体环境质量等级

深度 /cm	铬	镍	铜	锌	镉	铅	汞	砷
0 ～ 20	I 类	I 类	I 类	I 类	I 类	I 类	I 类	I 类
20 ～ 40	I 类	I 类	I 类	I 类	I 类	I 类	I 类	I 类
40 ～ 55	I 类	I 类	I 类	I 类	I 类	I 类	I 类	I 类
55 ～ 100	I 类	I 类	I 类	I 类	I 类	I 类	I 类	I 类

环境质量背景值

指标	最小值	最大值	均值	中位数	标准偏差
pH	4.2	5.9	5.3	5.3	0.3
有机质 /%	0.88	2.58	1.34	1.16	0.62
砷 /（mg/kg）	1.3	10.6	4.7	3.4	3.7
镉 /（mg/kg）	0.03	0.18	0.08	0.04	0.07
铬 /（mg/kg）	10	24	16	16	5
铜 /（mg/kg）	2.6	7.8	4.4	3.4	2.3
汞 /（mg/kg）	0.016	0.076	0.029	0.030	0.010
镍 /（mg/kg）	3.6	8.6	5.9	6.1	2.0
铅 /（mg/kg）	25	84	49	43	23
锌 /（mg/kg）	20	158	53	32	52

注：此表数据均为表层。

4.3 普通铁渗水耕人为土

中和系

土族名称：砂质硅质混合型非酸性高热性－普通铁渗水耕人为土

拟定者：吴晓晨 杨安富 林天

分布与环境条件 分布于海南北部的海积平原区，海拔低于 20 m；海相沉积物母质，稻菜轮作或单季稻；热带海洋性气候，年均日照时数 1 900 h，气温 23 ～ 24℃，降水量 1 800 ～ 1 900 mm。

土系特征与变幅 成土过程主要是水耕熟化和氧化还原，诊断层包括水耕表层、铁渗淋亚层和水耕氧化还原层；诊断特性包括高热性土壤温度状况和人为滞水土壤水分状况。土体厚度 1 m 以上，剖面质地为砂土 - 砂质壤土，砂粒含量为 760 ～ 940 g/kg，pH 为 4.9 ～ 7.0。

典型景观

代表性单个土体剖面和整段土壤标本

代表性单个土体　位于儋州市中和镇大许村，19.757479° N，109.397839° E，海拔 6 m，海相冲积平原，水田，单季稻。50 cm 深土壤温度为 26.3℃。野外调查时间为 2020 年 10 月 23 日，编号为 46-2020-050。

Ap1：0 ～ 14 cm，暗黄棕色（10YR 7/2，干），浅黑棕色（10YR 5/1，润），砂土，团粒 - 小块状结构，松散 - 稍坚实，可见少量铁锰斑纹，向下清晰平滑过渡。

Ap21：14 ～ 21 cm，黄棕色（10YR 7.5/4，干），棕色（7.5YR 4/4，润），砂土，小块状结构，坚实，可见少量铁锰斑纹，向下清晰平滑过渡。

Ap22：21 ～ 30 cm，黄棕色（10YR 6/6，干），棕色（7.5YR 4/4，润），砂土，小 - 中块状结构，坚实，可见大量铁锰斑纹，向下清晰平滑过渡。

Br1：30 ～ 42 cm，黄棕色（10YR 6.5/6，干），亮棕色（10YR 3/6，润），砂土，

中块状结构，坚实，可见大量铁锰斑纹，向下渐变波状过渡。

Br2：42 ~ 55 cm，黄棕色（10YR 5/4，干），黑棕色（10YR 3/1，润），20% 岩石碎屑，砂土，中块状结构，坚实，可见少量铁锰斑纹，向下清晰平滑过渡。

BCr：55 ~ 110 cm，黄色（2.5Y 8/2，干），黑黄色（2.5Y 3.5/1，润），砂质壤土，大块状结构，很坚实，可见大量铁锰斑纹。

对比土系 光坡系，母质和地形一致，同一亚纲不同土类，铁聚水耕人为土。

生产性能综述 土体厚，耕层浅，质地砂，耕性和通透性好，酸性较强，养分含量总体低，保肥供肥能力差，应适度深耕，增施有机肥和复合肥。

中国土壤分类 渗育水稻土

美国系统分类 Typic Epiaquepts

世界土壤资源参比基础 Hydragric Anthrosols （Dystric, Arenic, Escalic）

代表性单个土体土壤物理性质

土层	深度 / cm	砾石 / （*V*/%）	细土颗粒组成 / （g/kg）			质地	容重 / （g/cm³）
			砂粒	粉粒	黏粒		
Ap1	0 ~ 14	0	893	100	7	砂土	1.6
Ap21	14 ~ 21	0	864	108	28	砂土	1.8
Ap22	21 ~ 30	0	938	51	11	砂土	1.9
Br1	30 ~ 42	0	926	47	28	砂土	1.9
Br2	42 ~ 55	20	936	58	6	砂土	1.9
BCr	55 ~ 110	0	765	167	68	砂质壤土	2.1

注：砾石：> 2 mm 石块；砂粒：0.05 ~ 2 mm；粉粒：0.002 ~ 0.05 mm；黏粒：< 0.002 mm。

代表性单个土体土壤化学性质

深度 / cm	pH	有机质 / （g/kg）	全氮 / （g/kg）	碱解氮 / （mg/kg）	有效磷 / （mg/kg）	速效钾 / （mg/kg）	CEC/ （cmol/kg）	游离铁 / （g/kg）
0 ~ 14	4.9	5.64	0.03	27	57.3	20.7	0.5	0.70
14 ~ 21	5.0	3.11	0.02	13	110.5	10.9	0.8	3.48
21 ~ 30	5.3	1.98	0.01	9	50.2	5.6	0.4	6.04
30 ~ 42	6.0	1.64	0.01	8	27.7	19.0	0.4	4.52
42 ~ 55	6.8	0.92	0.01	8	27.7	30.4	0.4	1.19
55 ~ 110	7.0	0.89	0.01	11	18.3	22.7	1.3	1.16

代表性单个土体环境质量等级

深度 /cm	铬	镍	铜	锌	镉	铅	汞	砷
0 ～ 14	Ⅰ类	Ⅰ类	Ⅰ类	Ⅰ类	Ⅰ类	Ⅰ类	Ⅰ类	Ⅰ类
14 ～ 21	Ⅰ类	Ⅰ类	Ⅰ类	Ⅰ类	Ⅰ类	Ⅰ类	Ⅰ类	Ⅰ类
21 ～ 30	Ⅰ类	Ⅰ类	Ⅰ类	Ⅰ类	Ⅰ类	Ⅰ类	Ⅰ类	Ⅰ类
30 ～ 42	Ⅰ类	Ⅰ类	Ⅰ类	Ⅰ类	Ⅰ类	Ⅰ类	Ⅰ类	Ⅰ类
42 ～ 55	Ⅰ类	Ⅰ类	Ⅰ类	Ⅰ类	Ⅰ类	Ⅰ类	Ⅰ类	Ⅰ类
55 ～ 110	Ⅰ类	Ⅰ类	Ⅰ类	Ⅰ类	Ⅰ类	Ⅰ类	Ⅰ类	Ⅰ类

环境质量背景值

指标	最小值	最大值	均值	中位数	标准偏差
pH	3.6	7.2	6.1	6.2	0.8
有机质 /%	0.56	3.10	1.45	1.03	0.96
砷 /（mg/kg）	0.01	5.2	1.5	0.7	1.5
镉 /（mg/kg）	0.02	0.22	0.12	0.11	0.06
铬 /（mg/kg）	8	369	162	137	143
铜 /（mg/kg）	2.1	69.6	29.9	23.4	23.5
汞 /（mg/kg）	0.013	0.066	0.037	0.036	0.015
镍 /（mg/kg）	2.4	193.0	80.8	80.1	73.9
铅 /（mg/kg）	3	43	14	13	9
锌 /（mg/kg）	11	144	75	61	45

注：此表数据均为表层。

4.4 普通铁聚水耕人为土

4.4.1 光坡系

土族名称：砂质硅质混合型非酸性高热性－普通铁聚水耕人为土

拟定者：杨安富　林天　孟龙威

分布与环境条件　分布于海南东南部海积平原区，海拔低于 20 m；海相沉积物母质，稻菜轮作或单季稻；热带海洋性气候，年均日照时数 2 100 ～ 2 200 h，气温 25 ～ 26℃，降水量 1 900 ～ 2 000 mm。

土系特征与变幅　成土过程主要是水耕熟化和氧化还原，诊断层包括水耕表层和氧化还原层；诊断特性有高热性土壤温度状况和人为滞水土壤水分状况。土体厚度 1 m 以上，剖面质地构型为砂土 - 砂质壤土 - 壤质砂土，砂粒含量为 820 ～ 940 g/kg，pH 为 4.9 ～ 5.9，28 cm 以下土体有铁聚现象。

典型景观

代表性单个土体剖面和整段土壤标本

代表性单个土体　位于陵水县光坡镇大潜村，18.548722° N，110.072585° E，海拔 10 m，海相冲积平原，水田，稻菜轮作。50 cm 深土壤温度为 27.2℃。野外调查时间为 2020 年 11 月 22 日，编号为 46-2020-021。

Ap1：0 ～ 17 cm，暗黄棕色（10YR 5.5/1，干），黑棕色（2.5Y 3/1，润），砂土，团粒结构，松散，向下清晰平滑过渡。

Ap2：17 ～ 28 cm，暗黄棕色（10YR 6/1.5，干），亮棕色（10YR 3/4，润），砂土，小块状结构，坚实，可见大量铁锰斑纹，向下渐变波状过渡。

Br1：28 ～ 60 cm，黄棕色（10YR 6/4，干），亮棕色（10YR 4/6，润），砂土，小块状结构，坚实，可见大量铁锰斑纹，向下渐变波状过渡。

Br2：60～90 cm，黄棕色（10YR 6/3，干），棕色（10YR 5/3，润），砂质壤土，小块状结构，坚实，可见大量铁锰斑纹，向下渐变波状过渡。

Br3：90～110 cm，黄棕色（10YR 7.5/6，干），亮棕色（10YR 4/6，润），壤质砂土，中块状结构，很坚实，可见大量铁锰斑纹和少量铁锰结核。

对比土系 雷鸣系，同一土族，但母质为玄武岩风化物。

生产性能综述 土体厚，耕层偏浅，质地砂，耕性和通透性好，略酸性，养分含量总体较低，保肥供肥能力差，应适度深耕，增施有机肥和复合肥。

中国土壤分类 潴育水稻土

美国系统分类 Anthraquic Eutrudepts

世界土壤资源参比基础 Hydragric Anthrosols （Eutric，Arenic, Gleyic）

代表性单个土体土壤物理性质

土层	深度 /cm	砾石 /（V/ %）	细土颗粒组成 /（g/kg）			质地	容重 /（g/cm³）
			砂粒	粉粒	黏粒		
Ap1	0～17	5	937	30	33	砂土	1.5
Ap2	17～28	10	926	35	39	砂土	1.9
Br1	28～60	15	886	48	66	砂土	1.7
Br2	60～90	15	826	42	131	砂质壤土	1.8
Br3	90～110	20	846	48	106	壤质砂土	1.8

代表性单个土体土壤化学性质

深度 / cm	pH	有机质 /（g/kg）	全氮 /（g/kg）	碱解氮 /（mg/kg）	速效磷 /（mg/kg）	速效钾 /（mg/kg）	CEC/（cmol/kg）	游离铁 /（g/kg）
0～17	5.9	10.30	0.05	41	128.9	70.4	1.8	0.77
17～28	4.9	3.37	0.02	17	99.4	46.8	1.5	0.76
28～60	4.9	3.50	0.02	18	34.1	79.4	2.4	5.32
60～90	5.1	2.94	0.02	16	21.7	118	7.3	2.53
90～110	5.0	1.98	0.03	21	19.5	137	7.0	9.97

代表性单个土体环境质量等级

深度 /cm	铬	镍	铜	锌	镉	铅	汞	砷
0～17	Ⅰ类	Ⅰ类	Ⅰ类	Ⅰ类	Ⅰ类	Ⅰ类	Ⅰ类	Ⅰ类
17～28	Ⅰ类	Ⅰ类	Ⅰ类	Ⅰ类	Ⅰ类	Ⅰ类	Ⅰ类	Ⅰ类
28～60	Ⅰ类	Ⅰ类	Ⅰ类	Ⅰ类	Ⅰ类	Ⅰ类	Ⅰ类	Ⅰ类
60～90	Ⅰ类	Ⅰ类	Ⅰ类	Ⅰ类	Ⅰ类	Ⅰ类	Ⅰ类	Ⅰ类
90～110	Ⅰ类	Ⅰ类	Ⅰ类	Ⅰ类	Ⅰ类	Ⅰ类	Ⅰ类	Ⅰ类

环境质量背景值

指标	最小值	最大值	均值	中位数	标准偏差
pH	5.4	5.9	5.6	5.6	0.1
有机质 /%	1.03	1.71	1.41	1.37	0.22
砷 /（mg/kg）	0.143	1.6	1.1	1.1	0.4
镉 /（mg/kg）	0.04	0.09	0.05	0.05	0.01
铬 /（mg/kg）	14.1	31	24	23	5
铜 /（mg/kg）	4.2	7.6	5.5	5.2	1.5
汞 /（mg/kg）	0.021	0.030	0.026	0.026	0.003
镍 /（mg/kg）	2.9	5.7	4.8	4.9	0.9
铅 /（mg/kg）	12.4	19	16	17	3
锌 /（mg/kg）	14	45	29	29	13

注：此表数据均为表层。

4.4.2 雷鸣系

土族名称：砂质硅质混合型非酸性高热性－普通铁聚水耕人为土

拟定者：孟龙威　吴克富　胡玉麟

分布与环境条件　分布于海南北部的丘陵山地坡脚，海拔 50 ～ 100 m；玄武岩风化物母质，稻菜轮作或单季稻；热带海洋性气候，年均日照时数 2 000 h，气温 23 ～ 24℃，降水量 1 900 ～ 2 100 mm。

土系特征与变幅　成土过程主要是水耕熟化和氧化还原，诊断层包括水耕表层和水耕氧化还原层。诊断特性有高热性土壤温度状况和人为滞水土壤水分状况。土体厚度 1 m 以上，剖面质地构型为砂土 - 壤质砂土 - 砂质壤土，砂粒含量为 580 ～ 920 g/kg，pH 为 5.2 ～ 6.0。

典型景观

代表性单个土体剖面和整段土壤标本

代表性单个土体 位于定安县雷鸣镇北七村，19.525032° N，110.321549° E，海拔 80 m，丘陵坡脚，水田，单季稻。50 cm 深土壤温度为 26.5℃。野外调查时间为 2021 年 1 月 2 日，编号为 46-2020-046。

Ap1：0 ～ 15 cm，黄棕色（10YR 6/3，干），浅黑棕色（10YR 3/2.5，润），砂土，团粒结构，松散，可见少量铁锰斑纹，向下清晰平滑过渡。

Ap2：15 ～ 35 cm，黄棕色（10YR 5.5/3，干），亮棕色（10YR 3/3，润），砂土，小块状结构，稍坚实，可见中量铁锰斑纹，向下清晰平滑过渡。

C：35 ～ 41 cm，黄棕色（10Y R7/3，干），棕色（10YR 5/4，润），50% 岩石碎屑，壤质砂土，无结构，可见中量铁锰斑纹，向下清晰平滑过渡。

Br：41 ～ 60 cm，黄棕色（10YR 7/4，干），亮黄棕色（10YR 6/8，润），砂质壤土，中 - 大块状结构，坚实，可见大量铁锰斑纹，向下渐变波状过渡。

BCr：60 ～ 110 cm，黄棕色（10YR 7/3，干），暗黄棕色（10YR 5/4，润），砂质壤土，中 - 大块状结构，坚实，可见大量铁锰斑纹。

对比土系 光坡系，同一土族，但母质为海相沉积物。

生产性能综述 土体厚，耕层偏浅，砂性强，耕性和通透性好，酸性，养分含量总体低，保肥供肥能力差，应增施有机肥和复合肥。

中国土壤分类 潴育水稻土

美国系统分类 Anthraquic Eutrudepts

世界土壤资源参比基础 Hydragric Anthrosols（Eutric，Arenic, Gleyic）

代表性单个土体土壤物理性质

土层	深度 / cm	砾石 /（V/ %）	细土颗粒组成 /（g/kg）			质地	容重 /（g/cm³）
			砂粒	粉粒	黏粒		
Ap1	0 ～ 15	0	919	70	11	砂土	1.4
Ap2	15 ～ 35	0	868	109	22	砂土	1.4
C	35 ～ 41	50	841	120	40	壤质砂土	—
Br	41 ～ 60	0	611	190	198	砂质壤土	1.3
BCr	60 ～ 110	0	585	248	168	砂质壤土	1.4

注：砾石：＞ 2 mm 石块；砂粒：0.05 ～ 2 mm；粉粒：0.002 ～ 0.05 mm；黏粒：＜ 0.002 mm。

代表性单个土体土壤化学性质

深度 / cm	pH	有机质 /（g/kg）	全氮 /（g/kg）	碱解氮 /（mg/kg）	速效磷 /（mg/kg）	速效钾 /（mg/kg）	CEC/（cmol/kg）	游离铁 /（g/kg）
0 ～ 15	5.2	5.57	0.03	37	64.4	38.9	1.4	1.16
15 ～ 35	5.4	3.42	0.02	15	27.1	2.9	0.7	0.77
35 ～ 41	5.7	3.33	0.01	13	20.8	9.3	0.7	1.71
41 ～ 60	5.9	2.37	0.02	14	18.0	13.3	7.2	8.65
60 ～ 110	6.0	1.15	0.01	6	17.8	18.2	6.3	8.85

代表性单个土体环境质量等级

深度 /cm	铬	镍	铜	锌	镉	铅	汞	砷
0 ～ 15	Ⅰ类	Ⅰ类	Ⅰ类	Ⅰ类	Ⅰ类	Ⅰ类	Ⅰ类	Ⅰ类
15 ～ 35	Ⅰ类	Ⅰ类	Ⅰ类	Ⅰ类	Ⅰ类	Ⅰ类	Ⅰ类	Ⅰ类
35 ～ 41	Ⅰ类	Ⅰ类	Ⅰ类	Ⅰ类	Ⅰ类	Ⅰ类	Ⅰ类	Ⅰ类
41 ～ 60	Ⅰ类	Ⅰ类	Ⅰ类	Ⅰ类	Ⅰ类	Ⅰ类	Ⅰ类	Ⅰ类
60 ～ 110	Ⅰ类	Ⅰ类	Ⅰ类	Ⅰ类	Ⅰ类	Ⅰ类	Ⅰ类	Ⅰ类

环境质量背景值

指标	最小值	最大值	均值	中位数	标准偏差
pH	4.9	5.4	5.2	5.4	0.2
有机质 /%	0.55	2.92	1.07	0.79	0.83
砷 /（mg/kg）	0.5	11.5	3.0	1.2	3.9
镉 /（mg/kg）	0.02	0.05	0.02	0.02	0.02
铬 /（mg/kg）	4.2	39	16	13	11
铜 /（mg/kg）	4.4	27.7	8.8	6.0	8.4
汞 /（mg/kg）	0.010	0.054	0.021	0.017	0.015
镍 /（mg/kg）	1.0	9.3	3.5	2.8	2.7
铅 /（mg/kg）	7.5	20	13	13	4
锌 /（mg/kg）	2	28	13	13	8

注：此表数据均为表层。

4.4.3 灵山系

土族名称：黏壤质硅质混合型非酸性高热性－普通铁聚水耕人为土

拟定者：孟龙威　卓奕秀　杨丽

分布与环境条件　分布于海南北部的丘陵山地坡脚，海拔低于 20 m；花岗岩风化物母质，水旱轮作；热带海洋性气候，年均日照时数 1 900 h，气温 21 ～ 23℃，降水量 1 800 ～ 2 000 mm。

土系特征与变幅　成土过程主要是水耕熟化和氧化还原，诊断层包括水耕表层和水耕氧化还原层，诊断特性有高热性土壤温度状况和人为滞水土壤水分状况。土体厚度 1 m 以上，通体为壤土，粉粒含量为 300 ～ 460 g/kg，砂粒含量为 330 ～ 430 g/kg，pH 为 5.2 ～ 6.7。

典型景观

代表性单个土体剖面和整段土壤标本

代表性单个土体 位于海口市灵山镇冯仔村，20.012378° N，110.434999° E，海拔 4 m，丘陵坡脚，水田，刚改种莲雾。50 cm 深土壤温度为 26.2℃。野外调查时间为 2020 年 10 月 10 日，编号为 46-2020-005。

Ap：0 ～ 20 cm，黄色（2.5Y 6/3，干），黑黄色（5YR 4/3，润），壤土，团粒 - 小块状结构，松软 - 稍紧实，向下清晰平滑过渡。

ABr：20 ～ 35 cm，棕色（10YR 6/4，干），棕色（10YR 4/3，润），壤土，小块状结构，稍坚实，可见中量铁锰斑纹和少量铁锰结核，向下渐变波状过渡。

Br1：35 ～ 63 cm，棕色（10YR 6/4.5，干），棕色（10YR 5/3，润），壤土，中块状结构，坚实，可见大量铁锰斑纹和铁锰结核，向下渐变波状过渡。

Br2：63 ～ 91 cm，棕色（10YR 5.5/4，干），棕色（10YR 5/4，润），壤土，

中块状结构，很坚实，可见大量铁锰斑纹和铁锰结核，向下渐变波状过渡。

Cr：91 ～ 120 cm，黄棕色（10YR 6/6，干），棕色（10YR 4/3，润），壤土，无结构，松软，可见大量铁锰斑纹。

对比土系 光坡系、雷鸣系和王下系，同一亚类不同土族，光坡系和雷鸣系为砂质，王下系为壤质。

生产性能综述 土体厚，下部土体易积水，耕层为壤质，耕性和通透性较好，偏酸性，养分含量总体较低，保肥供肥能力差，应增施有机肥和复合肥，注意深沟排水。

中国土壤分类 潴育水稻土

美国系统分类 Anthraquic Eutrudepts

世界土壤资源参比基础 Hydragric Anthrosols （Eutric，Loamic）

代表性单个土体土壤物理性质

土层	深度 / cm	砾石 /（V/ %）	细土颗粒组成 /（g/kg）			质地	容重 /（g/cm³）
			砂粒	粉粒	黏粒		
Ap	0 ～ 20	0	348	454	198	壤土	1.2
ABr	20 ～ 35	0	402	346	253	壤土	1.6
Br1	35 ～ 63	0	427	308	265	壤土	1.7
Br2	63 ～ 91	0	338	418	244	壤土	1.6
Cr	91 ～ 120	0	330	410	261	壤土	1.6

注：砾石：＞ 2 mm 石块；砂粒：0.05 ～ 2 mm；粉粒：0.002 ～ 0.05 mm；黏粒：＜ 0.002 mm。

代表性单个土体土壤化学性质

深度 / cm	pH	有机质 /（g/kg）	全氮 /（g/kg）	碱解氮 /（mg/kg）	速效磷 /（mg/kg）	速效钾 /（mg/kg）	CEC/（cmol/kg）	游离铁 /（g/kg）
0 ～ 20	5.2	16.8	0.10	84	21.6	56.5	5.9	10.9
20 ～ 35	6.6	5.14	0.03	33	15.8	50.4	12.5	13.2
35 ～ 63	6.7	2.15	0.02	28	15.5	9.8	7.2	11.4
63 ～ 91	6.6	3.45	0.02	13	15.4	53.2	12.9	19.2
91 ～ 120	6.6	1.86	0.01	14	16.6	11.3	2.5	13.3

代表性单个土体环境质量等级

深度 /cm	铬	镍	铜	锌	镉	铅	汞	砷
0 ～ 20	Ⅰ类	Ⅰ类	Ⅰ类	Ⅰ类	Ⅰ类	Ⅰ类	Ⅰ类	Ⅰ类
20 ～ 35	Ⅰ类	Ⅰ类	Ⅰ类	Ⅰ类	Ⅰ类	Ⅰ类	Ⅰ类	Ⅰ类
35 ～ 63	Ⅰ类	Ⅰ类	Ⅰ类	Ⅰ类	Ⅰ类	Ⅰ类	Ⅰ类	Ⅰ类
63 ～ 91	Ⅰ类	Ⅰ类	Ⅰ类	Ⅰ类	Ⅰ类	Ⅰ类	Ⅰ类	Ⅰ类
91 ～ 120	Ⅰ类	Ⅰ类	Ⅰ类	Ⅰ类	Ⅰ类	Ⅰ类	Ⅰ类	Ⅰ类

环境质量背景值

指标	最小值	最大值	均值	中位数	标准偏差
pH	5.0	6.3	5.5	5.4	0.3
有机质 /%	1.09	2.12	1.46	1.47	0.37
砷 /（mg/kg）	1.0	4.3	2.5	2.1	1.1
镉 /（mg/kg）	0.02	0.17	0.11	0.10	0.05
铬 /（mg/kg）	30	257	80	64	57
铜 /（mg/kg）	9.5	46.5	20.2	16.8	10.5
汞 /（mg/kg）	0.029	0.214	0.093	0.089	0.046
镍 /（mg/kg）	9.8	95.3	31.7	23.2	25.3
铅 /（mg/kg）	8	41	26	25	9
锌 /（mg/kg）	25	106	62	58	25

注：此表数据均为表层。

4.4.4 王下系

土族名称：壤质硅质混合型非酸性高热性－普通铁聚水耕人为土

拟定者：孟龙威 董璐 吴克富

分布与环境条件 分布于海南西南部的丘陵沟谷，海拔 200 ～ 250 m；花岗岩风化物母质，水旱轮作或单季稻；热带海洋性气候，年均日照时数 2 300 h，气温 24 ～ 25℃，降水量 1 600 ～ 1 700 mm。

土系特征与变幅 成土过程主要是水耕熟化和氧化还原，诊断层包括水耕熟化表层和水耕氧化还原层。诊断特性包括高热土壤温度状况和人为滞水土壤水分状况。土体厚度 1 m 以上，剖面层次质地构型为壤土 - 黏壤土，砂粒含量为 360 ～ 470 g/kg，黏粒含量为 140 ～ 330 g/kg，pH 为 5.0 ～ 5.9。

典型景观

代表性单个土体剖面和整段土壤标本

代表性单个土体　位于昌江县王下乡钱铁村，18.972493° N，109.150687° E，海拔 221 m，丘陵沟谷中部，水田，单季稻。50 cm 深土壤温度为 26.8℃。野外调查时间为 2021 年 1 月 7 日，编号为 46-2020-055。

Ap1：0 ～ 15 cm，棕色（10YR 5/3，干），亮棕色（10YR 3/4，润），壤土，团粒结构，松散，向下清晰平滑过渡。

Ap2：15 ～ 30 cm，棕色（10YR 5/4，干），浅黑棕色（10YR 3/3，润），壤土，中块状结构，坚实，可见中量铁锰斑纹和铁锰结核，向下渐变波状过渡。

Br1：30 ～ 50 cm，棕色（7.5YR 5.5/6，干），红棕色（5YR 4/4，润），壤土，中块状结构，坚实，可见中量铁锰斑纹和铁锰结核，向下渐变波状过渡。

Br2：50 ～ 75 cm，棕色（7.5YR 5/6，干），红棕色（5YR 4/6，润），黏壤土，中块状结构，坚实，可见少量铁锰斑纹和极少量铁锰结核，向下渐变波状过渡。

Br3：75 ～ 120 cm，黄棕色（7.5YR 5/8，干），红棕色（5YR 4/6，润），黏壤土，中块状结构，稍坚实，可见极少量铁锰斑纹和铁锰结核。

对比土系 光坡系、雷鸣系和灵山系，同一亚类不同土族，光坡系和雷鸣系为砂质，灵山系为黏壤质。

生产性能综述 土体厚，耕层偏浅，壤质，耕性和通透性较好，略偏酸性，养分含量总体较低，保肥供肥能力差，应增施有机肥和复合肥。

中国土壤分类 潴育水稻土

美国系统分类 Anthraquic Eutrudepts

世界土壤资源参比基础 Hydragric Anthrosols （Dystric，Loamic）

代表性单个土体土壤物理性质

土层	深度 / cm	砾石 /（V/ %）	细土颗粒组成 /（g/kg）			质地	容重 /（g/cm³）
			砂粒	粉粒	黏粒		
Ap1	0 ～ 15	0	462	390	147	壤土	1.4
Ap2	15 ～ 30	0	418	402	181	壤土	1.5
Br1	30 ～ 50	0	402	333	265	壤土	1.6
Br2	50 ～ 75	0	432	247	321	黏壤土	1.5
Br3	75 ～ 120	0	363	308	329	黏壤土	1.2

注：砾石：＞ 2 mm 石块；砂粒：0.05 ～ 2 mm；粉粒：0.002 ～ 0.05 mm；黏粒：＜ 0.002 mm。

代表性单个土体土壤化学性质

深度 / cm	pH	有机质 /（g/kg）	全氮 /（g/kg）	碱解氮 /（mg/kg）	速效磷 /（mg/kg）	速效钾 /（mg/kg）	CEC/（cmol/kg）	游离铁 /（g/kg）
0 ～ 15	5.7	11.60	0.07	45	20.1	44.0	6.7	12.34
15 ～ 30	5.7	8.00	0.05	37	19.5	13.7	7.3	11.69
30 ～ 50	5.9	4.97	0.05	32	20.0	28.4	8.1	13.97
50 ～ 75	5.0	3.13	0.05	38	20.1	20.3	7.4	20.48
75 ～ 120	5.1	2.78	0.04	17	19.9	22.0	9.3	19.95

代表性单个土体环境质量等级

深度 /cm	铬	镍	铜	锌	镉	铅	汞	砷
0 ～ 15	Ⅰ类	Ⅰ类	Ⅰ类	Ⅰ类	Ⅰ类	Ⅰ类	Ⅰ类	Ⅰ类
15 ～ 30	Ⅰ类	Ⅰ类	Ⅰ类	Ⅰ类	Ⅰ类	Ⅰ类	Ⅰ类	Ⅰ类
30 ～ 50	Ⅰ类	Ⅰ类	Ⅰ类	Ⅰ类	Ⅰ类	Ⅰ类	Ⅰ类	Ⅱ类
50 ～ 75	Ⅰ类	Ⅰ类	Ⅰ类	Ⅰ类	Ⅰ类	Ⅰ类	Ⅰ类	Ⅱ类
75 ～ 120	Ⅰ类	Ⅰ类	Ⅰ类	Ⅰ类	Ⅰ类	Ⅰ类	Ⅰ类	Ⅱ类

环境质量背景值

指标	最小值	最大值	均值	中位数	标准偏差
pH	4.6	7.3	5.8	6.0	0.7
有机质 /%	0.98	2.55	1.82	1.97	0.64
砷 /（mg/kg）	1.9	988.0	119.7	56.0	190.6
镉 /（mg/kg）	0.03	0.66	0.23	0.22	0.14
铬 /（mg/kg）	17	100	43	39	19
铜 /（mg/kg）	9.5	36.8	20.4	20.3	6.8
汞 /（mg/kg）	0.015	0.946	0.095	0.056	0.162
镍 /（mg/kg）	5.7	29.9	15.0	12.5	6.5
铅 /（mg/kg）	3	65	23	20	15
锌 /（mg/kg）	44	271	107	100	52

注：此表数据均为表层。

4.5 漂白简育水耕人为土

黄流系

土族名称：砂质硅质混合型非酸性高热性 - 漂白简育水耕人为土

拟定者：林天　孟龙威　卓奕秀

分布与环境条件　分布于海南西南部的海积平原，海拔低于 20 m；海相沉积物母质，水旱轮作或单季稻；热带海洋性气候，年均日照时数 2 300 h，气温 25 ～ 26℃，降水量 1 400 ～ 1 600 mm。

土系特征与变幅　成土过程主要是水耕熟化和氧化还原，诊断层包括水耕表层和漂白层，诊断特性有高热性土壤温度状况和人为滞水土壤水分状况。土体厚度 1 m 以上，20 ～ 30 cm 以下为漂白层，厚约 50 cm，剖面质地构型为砂土 - 壤质砂土交错，砂粒含量为 820 ～ 930 g/kg，pH 为 5.1 ～ 6.9。

典型景观

代表性单个土体剖面和整段土壤标本

代表性单个土体 位于乐东县黄流镇赤龙村，18.509180° N，108.836532° E，海拔 14 m，海相冲积平原，水田，稻菜轮作。50 cm 深土壤温度为 27.3℃。野外调查时间为 2020 年 12 月 4 日，编号为 46-2020-053。

Ap1：0 ～ 20 cm，浅黑黄色（2.5Y 6.5/1，干），黑黄色（5Y 4/1，润），砂土，团粒结构，松散，向下清晰平滑过渡。

Ap2：20 ～ 30 cm，浅黑黄色（2.5Y 7/1，干），黑黄色（2.5Y 3/1，润），砂土，小块状结构，坚实，向下渐变波状过渡。

E1：30 ～ 63 cm，浅黄色（2.5Y 8/1，干），浅黑黄色（2.5Y 6/2，润），壤质砂土，小块状结构，稍坚实，可见少量铁锰斑纹，向下渐变波状过渡。

E2：63 ～ 80 cm，浅黄色（3.5Y 8/1，干），浅黄色（3.5Y 7/1，润），砂土，中块状结构，稍坚实，可见中量铁锰斑纹，向下渐变波状过渡。

Cr：80 ～ 110 cm，浅黄色（2.5Y 8/2，干），黄色（2.5Y 6/3，润），壤质砂土，单粒，无结构，可见大量铁锰斑纹。

对比土系 光坡系，同一亚纲不同土类，母质和地形部位一致，但无漂白层，有铁聚现象，为普通铁聚水耕人为土。

生产性能综述 土体厚，下部土体易积水，耕层砂性强，耕性和通透性好，pH 适中，养分含量总体较低，保肥供肥能力差，应增施有机肥和复合肥，注意深沟排水。

中国土壤分类 漂洗水稻土

美国系统分类 Anthraquic Hapludalfs or Typic Epiaquepts

世界土壤资源参比基础 Hydragric Anthrosols （Eutric，Arenic）

代表性单个土体土壤物理性质

土层	深度 / cm	砾石 /（V/ %）	细土颗粒组成 /（g/kg）			质地	容重 /（g/cm³）
			砂粒	粉粒	黏粒		
Ap1	0 ～ 20	0	871	91	38	砂土	1.2
Ap2	20 ～ 30	0	903	75	22	砂土	1.6
E1	30 ～ 63	0	876	74	50	壤质砂土	1.9
E2	63 ～ 80	0	924	18	58	砂土	1.8
Cr	80 ～ 110	0	823	53	124	壤质砂土	1.6

注：砾石：＞ 2 mm 石块；砂粒：0.05 ～ 2 mm；粉粒：0.002 ～ 0.05 mm；黏粒：＜ 0.002 mm。

代表性单个土体土壤化学性质

深度 / cm	pH	有机质 /（g/kg）	全氮 /（g/kg）	碱解氮 /（mg/kg）	速效磷 /（mg/kg）	速效钾 /（mg/kg）	CEC/（cmol/kg）	游离铁 /（g/kg）
0 ～ 20	6.6	15.70	0.09	70.2	76.7	140.0	2.3	0.79
20 ～ 30	5.7	16.30	0.09	71.3	71.0	105.0	2.4	0.60
30 ～ 63	6.9	1.44	0.01	7.4	35.1	76.3	0.5	0.25
63 ～ 80	6.7	1.27	0.01	6.5	21.6	100.0	1.2	0.18
80 ～ 110	5.1	2.37	0.02	10.5	25.7	199.0	5.6	1.03

代表性单个土体环境质量等级

深度 /cm	铬	镍	铜	锌	镉	铅	汞	砷
0 ～ 20	Ⅰ类	Ⅰ类	Ⅰ类	Ⅰ类	Ⅰ类	Ⅰ类	Ⅰ类	Ⅰ类
20 ～ 30	Ⅰ类	Ⅰ类	Ⅰ类	Ⅰ类	Ⅰ类	Ⅰ类	Ⅰ类	Ⅰ类
30 ～ 63	Ⅰ类	Ⅰ类	Ⅰ类	Ⅰ类	Ⅰ类	Ⅰ类	Ⅰ类	Ⅰ类
63 ～ 80	Ⅰ类	Ⅰ类	Ⅰ类	Ⅰ类	Ⅰ类	Ⅰ类	Ⅰ类	Ⅰ类
80 ～ 110	Ⅰ类	Ⅰ类	Ⅰ类	Ⅰ类	Ⅰ类	Ⅱ类	Ⅰ类	Ⅰ类

环境质量背景值

指标	最小值	最大值	均值	中位数	标准偏差
pH	5.6	6.6	6.0	6.1	0.3
有机质 /%	0.53	1.57	0.72	0.72	0.19
砷 /（mg/kg）	0.2	1.0	0.6	0.7	0.3
镉 /（mg/kg）	0.01	0.08	0.03	0.02	0.01
铬 /（mg/kg）	2	9.6	4	2	2
铜 /（mg/kg）	1.6	7.5	2.7	2.7	0.7
汞 /（mg/kg）	0.019	0.109	0.034	0.022	0.033
镍 /（mg/kg）	1.0	3.5	1.4	1.1	0.5
铅 /（mg/kg）	13	51.2	18	19	3
锌 /（mg/kg）	7	34.3	10	9	3

注：此表数据均为表层。

第五章
火山灰土

普通腐殖湿润火山灰土

儒任系

土族名称：粗骨壤质硅质混合型非酸性高热性－普通腐殖湿润火山灰土

拟定者：杨安富　李德成　孟龙威

分布与环境条件　分布于海南北部，火山锥，海拔 100 ～ 120 m，林地，热带季风气候，年均日照时数 2 000 h，气温 23 ～ 24℃，降水量 1 800 ～ 2 000 mm。

土系特征与变幅　成土过程包括水解作用和腐殖质积累，诊断层包括暗沃表层，诊断特性包括高热土壤温度状况、火山灰特性和腐殖质特性。土体厚度 1 m 以下，暗沃表层厚约 20 cm，通体砾石含量 40% 以上，壤土，砂粒含量为 460 ～ 520 g/kg，黏粒含量低于 110 g/kg，pH 为 6.6 ～ 7.1。

典型景观

代表性单个土体剖面和整段土壤标本

代表性单个土体 位于海口市秀英区儒任村，19.873642° N，110.257202° E，海拔 109 m，火山锥的腰部，火山渣母质，次生林。50 cm 深土壤温度为 26.2℃。野外调查时间为 2020 年 10 月 11 日，编号为 46-2020-033。

Ap：0 ～ 20 cm，暗棕色（7.5YR 3/3，干），黑棕色（7.5YR 2/2，润），40% 岩石碎屑，壤土，屑粒结构，松散，向下层渐变波状过渡。

C1：20 ～ 65 cm，暗棕色（7.5YR 3/3，干），黑棕色（7.5YR 2/2，润），60% 岩石碎屑，壤土，中团粒结构，松散，向下层渐变波状过渡。

C2：65 ～ 120 cm，暗棕色（7.5YR 3/3，干），黑棕色（7.5YR 2/2，润），火山岩碎屑。

对比土系 灵山系，空间相近，但为稻田，不同土纲，为水耕人为土。

生产性能综述 坡度较陡，砾石多，质地适中，耕性和通透性较好，pH 中性，养分含量总体较高，受地质背景影响，重金属含量总体偏高，应保护现有植被，减少人为干扰，或改种景观型植物。

中国土壤分类 暗火山灰土

美国系统分类 Melanudands

世界土壤资源参比基础 Eutric Histic Andosols （Loamic, Melanic）

代表性单个土体土壤物理性质

土层	深度 / cm	砾石 / （*V*/ %）	细土颗粒组成 / （g/kg）			质地	容重 / （g/cm³）
			砂粒	粉粒	黏粒		
Ap	0 ～ 20	40	468	426	106	壤土	—
C1	20 ～ 65	60	472	429	98	壤土	—
C2	65 ～ 120	90	518	384	97	壤土	—

注：砾石：＞ 2 mm 石块；砂粒：0.05 ～ 2 mm；粉粒：0.002 ～ 0.05 mm；黏粒：＜ 0.002 mm。

代表性单个土体土壤化学性质

深度 / cm	pH	有机质 / （g/kg）	全氮 / （g/kg）	碱解氮 / （mg/kg）	速效磷 / （mg/kg）	速效钾 / （mg/kg）	CEC/ （cmol/kg）	游离铁 / （g/kg）
0 ～ 20	6.6	49.0	0.23	215	20.2	273	33.5	35.4
20 ～ 65	7.0	40.0	0.21	163	18.5	133	31.7	36.8
65 ～ 120	7.1	32.2	0.17	144	18.3	114	32.7	45.5

代表性单个土体环境质量等级

深度 /cm	铬	镍	铜	锌	镉	铅	汞	砷
0 ～ 20	Ⅱ类	Ⅱ类	Ⅱ类	Ⅰ类	Ⅰ类	Ⅰ类	Ⅰ类	Ⅰ类
20 ～ 65	Ⅱ类	Ⅱ类	Ⅱ类	Ⅰ类	Ⅰ类	Ⅰ类	Ⅰ类	Ⅰ类
65 ～ 120	Ⅱ类	Ⅱ类	Ⅱ类	Ⅰ类	Ⅰ类	Ⅰ类	Ⅰ类	Ⅰ类

环境质量背景值

指标	最小值	最大值	均值	中位数	标准偏差
pH	4.6	7.2	6.0	6.0	0.5
有机质 /%	4.50	9.76	7.71	7.90	1.93
砷 /（mg/kg）	1.3	28.2	3.9	3.5	3.0
镉 /（mg/kg）	0.08	0.83	0.41	0.42	0.16
铬 /（mg/kg）	199	672	344	330	82
铜 /（mg/kg）	23.5	147.0	85.3	86.1	19.9
汞 /（mg/kg）	0.027	0.526	0.158	0.145	0.094
镍 /（mg/kg）	82.8	411.0	203.3	200.0	51.9
铅 /（mg/kg）	10	51	21	18	8
锌 /（mg/kg）	93	394	220	215	52

注：此表数据均为表层。

第六章

铁铝土

普通暗红湿润铁铝土

蓬莱系

土族名称：极黏质硅质混合型非酸性高热性－普通暗红湿润铁铝土

拟定者：吴晓晨　杨安富　孟龙威

分布与环境条件　分布于海南东北部的丘陵岗地中部，海拔 100 ～ 120 m；玄武岩风化物母质，园地；热带海洋性气候，年均日照时数 1 900 h，气温 22 ～ 23℃，降雨量 1 700 ～ 1 800 mm。

土系特征与变幅　成土过程包括腐殖质积累和脱硅富铝化，诊断层包括铁铝层，诊断特性包括高热性土壤温度状况、湿润土壤水分状况和氧化还原特征。土体厚度 1 m 以上，淡薄表层厚约 20 cm，铁铝层上界为 40 cm，厚约 30 cm，通体为黏土，黏粒含量为 440 ～ 680 g/kg，pH 为 4.0 ～ 6.0。

典型景观

代表性单个土体剖面和整段土壤标本

代表性单个土体　位于文昌市蓬莱镇槟榔仔村，19.513290° N，110.583231°E，海拔 117 m，丘陵岗地中部，玄武岩风化坡积物，荔枝园。50 cm 深土壤温度为 26.5℃。野外调查时间为 2020 年 10 月 14 日，编号为 46-2020-026。

Ap：0 ～ 20 cm，暗红棕色（5YR 3/6，干），暗红棕色（5YR 3/4，润），黏土，团粒结构，松散，向下层清晰平滑过渡。

AB：20 ～ 40 cm，暗红棕色（5YR 3/6，干），暗红棕色（5YR 3/4，润），黏土，中块状结构，稍坚实，可见铁锰斑纹和结核，向下层清晰平滑过渡。

Br1：40 ～ 70 cm，暗红棕色（5YR 3/6，干），暗红棕色（5YR 3/4，润），黏土，小块状结构，坚实，可见铁锰斑纹和结核，向下层渐变波状过渡。

Br2：70 ～ 120 cm，暗红棕色（5YR 3/6，干），暗红棕色（5YR 3/4，润），黏土，小块状结构，坚实，可见铁锰斑纹和结核。

对比土系 抱罗系，空间位置相近，母质一致，不同土纲，具潜育特征，为潜育土。

生产性能综述 土体深厚，耕层厚度适中，质地黏，耕性和通透性差，pH 适中，养分含量总体较高，应深耕，增施有机肥改善土壤结构。

中国土壤分类 砖红壤

美国系统分类 Kandiudox, Acrudox, Hapludox

世界土壤资源参比基础 Folic（Mollic） Rhodic Ferric （Gibbsic） Ferralsols

代表性单个土体土壤物理性质

土层	深度 / cm	砾石 /（V/ %）	细土颗粒组成 /（g/kg）			质地	容重 /（g/cm³）
			砂粒	粉粒	黏粒		
Ap	0 ～ 20	0	191	361	447	黏土	1.1
AB	20 ～ 40	0	197	250	553	黏土	1
Br1	40 ～ 70	0	51	277	672	黏土	1.1
Br2	70 ～ 120	0	226	258	516	黏土	1.1

注：砾石：＞ 2 mm 石块；砂粒：0.05 ～ 2 mm；粉粒：0.002 ～ 0.05 mm；黏粒：＜ 0.002 mm。

代表性单个土体土壤化学性质

深度 / cm	pH	有机质 /（g/kg）	全氮 /（g/kg）	碱解氮 /（mg/kg）	速效磷 /（mg/kg）	速效钾 /（mg/kg）	CEC/（cmol/kg）	游离铁 /（g/kg）
0 ～ 20	6.0	29.50	0.15	127	154.7	259	13.2	32.37
20 ～ 40	4.4	20.10	0.09	78	17.8	102	15.1	28.25
40 ～ 70	4.6	17.00	0.07	66	17.6	201	8.3	30.76
70 ～ 120	4.0	11.10	0.06	44	17.6	107	12.2	48.09

代表性单个土体环境质量等级

深度 /cm	铬	镍	铜	锌	镉	铅	汞	砷
0 ～ 20	Ⅱ类	Ⅱ类	Ⅱ类	Ⅰ类	Ⅰ类	Ⅰ类	Ⅰ类	Ⅰ类
20 ～ 40	Ⅱ类	Ⅱ类	Ⅱ类	Ⅰ类	Ⅰ类	Ⅰ类	Ⅰ类	Ⅰ类
40 ～ 70	Ⅱ类	Ⅱ类	Ⅱ类	Ⅰ类	Ⅰ类	Ⅰ类	Ⅰ类	Ⅰ类
70 ～ 120	Ⅱ类	Ⅱ类	Ⅱ类	Ⅰ类	Ⅰ类	Ⅰ类	Ⅰ类	Ⅰ类

环境质量背景值

指标	最小值	最大值	均值	中位数	标准偏差
pH	4.1	6.0	4.7	4.7	0.4
有机质 /%	2.26	4.03	3.31	3.37	0.57
砷 /（mg/kg）	1.0	8.2	3.0	2.8	1.3
镉 /（mg/kg）	0.02	0.85	0.13	0.10	0.12
铬 /（mg/kg）	251	708	405	404	89
铜 /（mg/kg）	37.2	142.0	85.1	85.7	18.3
汞 /（mg/kg）	0.019	0.285	0.081	0.062	0.050
镍 /（mg/kg）	95.3	346.0	182.7	174.0	49.1
铅 /（mg/kg）	2	67	12	10	11
锌 /（mg/kg）	33	251	117	119	35

注：此表数据均为表层。

第七章 潜育土

普通简育滞水潜育土

东寨港系

土族名称：砂质硅质混合型酸性高热性－普通简育滞水潜育土

拟定者：吴晓晨　杨安富　孟龙威

分布与环境条件　分布于海南东北部浅海沙滩，海拔低于 20 m；浅海沉积物母质，海滩红树林；热带海洋性气候，年均日照时数 2 250 h，气温 22 ～ 27℃，降水量 1 000 ～ 2 600 mm。

土系特征与变幅　成土过程包括潜育化和生物积累，诊断层包括淡薄表层，诊断特性包括高热土壤温度状况、滞水土壤水分状况和潜育特征。土体厚度 1 m 以上，淡薄表层厚约 10 cm，质地构型为砂质壤土 - 壤土 - 粉壤土，砂粒含量为 300 ～ 660 g/kg，pH 为 3.4 ～ 5.0。通体具有潜育特征，可见铁锰斑纹。

典型景观

代表性单个土体剖面和整段土壤标本

代表性单个土体　位于海口市东寨港红树林，19.949994° N，110.575507° E，海拔 1 m，滩涂沼泽。50 cm 深土壤温度为 27.3℃。野外调查时间为 2020 年 11 月 21 日，编号为 46-2020-034。

Ahg：0 ～ 10 cm，黑棕色（10YR 3/2，干），黑色（10YR 2/1，润），砂质壤土，烂泥，无结构，可见大量铁锰斑纹，向下层渐变波状过渡。

ACg：10 ～ 30 cm，黑棕色（10YR 3/2，干），黑色（10YR 2/1，润），壤土，烂泥，无结构，可见大量铁锰斑纹，向下层渐变波状过渡。

Cg：30 ～ 100 cm，黑棕色（10YR 3/1，干），黑棕色（10YR 2/1，润），粉壤土，烂泥，无结构，可见少量铁锰斑纹。

对比土系 抱罗系，同一土族，位于河道地区，冲积物母质，为草地。

生产性能综述 土体深厚，位于浅海滩涂，长期淹水，红树林湿地，应重点保护，防控人为干扰。

中国土壤分类 酸性硫酸盐土

美国系统分类 Salidic Sulfaquepts or Haplic Sulfaquents

世界土壤资源参比基础 Stagnic Solonchaks （Aceric，Sulfatic，Sulfidic）

代表性单个土体土壤物理性质

土层	深度 / cm	砾石 /（V/ %）	细土颗粒组成 /（g/kg）			质地	容重 /（g/cm³）
			砂粒	粉粒	黏粒		
Ahg	0 ～ 10	0	657	243	101	砂质壤土	0.7
ACg	10 ～ 30	0	467	431	102	壤土	0.8
Cg	30 ～ 100	0	300	625	75	粉壤土	0.9

注：砾石：＞ 2 mm 石块；砂粒：0.05 ～ 2 mm；粉粒：0.002 ～ 0.05 mm；黏粒：＜ 0.002 mm。

代表性单个土体土壤化学性质

深度 / cm	pH	有机质 /（g/kg）	全氮 /（g/kg）	碱解氮 /（mg/kg）	速效磷 /（mg/kg）	速效钾 /（mg/kg）	CEC/（cmol/kg）	游离铁 /（g/kg）
0 ～ 10	5.0	176.00	0.48	263	25.3	1 804	37.1	23.62
10 ～ 30	3.4	163.00	0.31	142	18.9	991	31.6	15.29
30 ～ 100	3.5	84.90	0.13	46	18.4	512	15	6.23

代表性单个土体环境质量等级

深度 /cm	铬	镍	铜	锌	镉	铅	汞	砷
0 ～ 10	Ⅰ类	Ⅰ类	Ⅰ类	Ⅰ类	Ⅰ类	Ⅰ类	Ⅰ类	Ⅰ类
10 ～ 30	Ⅰ类	Ⅰ类	Ⅰ类	Ⅰ类	Ⅰ类	Ⅰ类	Ⅰ类	Ⅰ类
30～100	Ⅰ类	Ⅰ类	Ⅰ类	Ⅰ类	Ⅰ类	Ⅰ类	Ⅰ类	Ⅰ类

环境质量背景值

指标	最小值	最大值	均值	中位数	标准偏差
pH	4.3	7.9	5.5	5.1	0.9
有机质 /%	0.88	17.6	3.26	3.65	1.11
砷 /（mg/kg）	0.8	7.4	2.4	2.0	1.5
镉 /（mg/kg）	0.02	0.29	0.11	0.08	0.07
铬 /（mg/kg）	115	385	231	223	77
铜 /（mg/kg）	22.3	92.7	50.0	47.6	21.9
汞 /（mg/kg）	0.028	0.242	0.120	0.121	0.055
镍 /（mg/kg）	47.0	191.0	106.1	111.0	44.0
铅 /（mg/kg）	3	58	22	19	14
锌 /（mg/kg）	58	175	114	112	36

注：此表数据均为表层。

抱罗系

土族名称：砂质硅质混合型非酸性高热性－普通简育滞水潜育土

拟定者：杨安富　孟龙威　王登峰

分布与环境条件　分布于海南东北部丘陵坡脚，海拔 100 ～ 120 m；冲积物母质，老河道，草地；热带海洋性气候，年平均日照时数 1 900 h，气温 22 ～ 23℃，降水量 1 700 ～ 1 800 mm。

土系特征与变幅　成土过程包括潜育和腐殖质积累，诊断层包括淡薄表层和雏形层，诊断特性包括高热性土壤温度状况和潜育特征。土体厚度 1 m 以上，淡薄表层厚 10 ～ 15 cm，30 cm 以下土体具有潜育特征，质地构型为砂土 - 壤质砂土 - 砂质壤土，砂粒含量为 800 ～ 930 g/kg，pH 为 4.8 ～ 5.8。

典型景观

代表性单个土体剖面和整段土壤标本

代表性单个土体　位于文昌市抱罗镇东排村，19.832014° N，110.764515° E，海拔 117 m，老河道，冲积物母质，水田撂荒 8 ~ 10 年，草地。50 cm 深土壤温度为 26.2℃。野外调查时间为 2020 年 10 月 15 日，编号为 46-2020-011。

Ah：0 ~ 12 cm，灰色（5Y 5/1，干），橄榄黑色（5YR 3/1，润），砂土，团粒结构，松散，向下层清晰平滑过渡。

Br：12 ~ 30 cm，灰色（5Y 5/1，干），橄榄黑色（5YR 3/1，润），砂土，小块状结构，稍坚实，可见大量铁锰斑纹，向下层清晰平滑过渡。

Cg1：30 ~ 75 cm，灰色（5Y 5/1，干），橄榄黑色（5YR 3/1，润），壤质砂土，单粒，无结构，可见少量铁锰斑纹，向下层清晰平滑过渡。

Cg2：75 ～ 110 cm，灰色（5Y 5/1，干），橄榄黑色（5YR 3/1，润），砂质壤土，单粒，无结构。

对比土系 东寨港系，同一亚类不同土族，为酸性，但位于浅海滩涂，浅海沉积物母质，为红树林。

生产性能综述 土体深厚，耕层砂性重，耕性和通透性好，酸性较强，有机质含量中等，速效养分偏低，如耕作，应适度深耕，增施有机肥和复合肥，深耕排水。

中国土壤分类 沼泽土

美国系统分类 Epiaquepts or Epiaquents

世界土壤资源参比基础 Eutric Reductigleyic Subaquatic Gleysols（Arenic, Ochric）

代表性单个土体土壤物理性质

土层	深度 / cm	砾石 /（*V*/ %）	细土颗粒组成 /（g/kg）			质地	容重 /（g/cm³）
			砂粒	粉粒	黏粒		
Ah	0 ～ 12	0	920	29	51	砂土	1.6
Br	12 ～ 30	0	921	25	54	砂土	1.7
Cg1	30 ～ 75	0	840	84	77	壤质砂土	2.0
Cg2	75 ～ 110	0	802	27	171	砂质壤土	1.6

注：砾石：＞ 2 mm 石块；砂粒：0.05 ～ 2 mm；粉粒：0.002 ～ 0.05 mm；黏粒：＜ 0.002 mm。

代表性单个土体土壤化学性质

深度 / cm	pH	有机质 /（g/kg）	全氮 /（g/kg）	碱解氮 /（mg/kg）	速效磷 /（mg/kg）	速效钾 /（mg/kg）	CEC/（cmol/kg）	游离铁 /（g/kg）
0 ～ 12	4.8	24.4	0.12	40	20.2	35.9	2.4	1.38
12 ～ 30	5.0	4.67	0.03	65	21.1	18.0	0.5	0.366
30 ～ 75	5.7	9.40	0.02	25	18.5	23.7	2.4	0.989
75 ～ 110	5.8	7.48	0.03	17	17.7	37.9	3.2	0.221

代表性单个土体环境质量等级

深度 /cm	铬	镍	铜	锌	镉	铅	汞	砷
0 ～ 12	Ⅰ类	Ⅰ类	Ⅰ类	Ⅰ类	Ⅰ类	Ⅰ类	Ⅰ类	Ⅰ类
12 ～ 30	Ⅰ类	Ⅰ类	Ⅰ类	Ⅰ类	Ⅰ类	Ⅰ类	Ⅰ类	Ⅰ类
30 ～ 75	Ⅰ类	Ⅰ类	Ⅰ类	Ⅰ类	Ⅰ类	Ⅰ类	Ⅰ类	Ⅰ类
75 ～ 110	Ⅰ类	Ⅰ类	Ⅰ类	Ⅰ类	Ⅰ类	Ⅰ类	Ⅰ类	Ⅰ类

环境质量背景值

指标	最小值	最大值	均值	中位数	标准偏差
pH	4.8	6.9	5.5	5.3	0.5
有机质 /%	0.48	2.44	1.01	0.95	0.43
砷 /（mg/kg）	0.1	1.74	0.6	0.3	0.4
镉 /（mg/kg）	0.01	0.14	0.06	0.04	0.04
铬 /（mg/kg）	4	24	8	8	3
铜 /（mg/kg）	1.1	6.8	3.3	2.4	1.9
汞 /（mg/kg）	0.012	0.084	0.033	0.028	0.021
镍 /（mg/kg）	1.1	6.8	2.6	2.2	1.2
铅 /（mg/kg）	3	20.7	8	7	3
锌 /（mg/kg）	7	178	30	15	42

注：此表数据均为表层。

第八章 富铁土

8.1 普通简育常湿富铁土

新政系

土族名称：黏质硅质混合型酸性高热性－普通简育常湿富铁土

拟定者：杨安富　孟龙威　李德成

分布与环境条件　分布于海南南部的低山丘陵，海拔 100 ～ 150 m；花岗岩风化物母质，林地；热带海洋性气候，年平均日照时数 1 900 h，气温 22 ～ 23℃，降水量 1 900 ～ 2 100 mm。

土系特征与变幅　成土过程包括腐殖质积累和脱硅富铝化，诊断层包括淡薄表层和低活性富铁层，诊断特性包括高热性土壤温度状况和常湿润土壤水分状况。土体厚度 1 m 以上，淡薄表层厚 15 ～ 20 cm，低活性富铁层上界为 40 cm，厚约 35 cm。质地构型为砂质壤土 - 黏土 - 黏壤土，砂粒含量为 300 ～ 680 g/kg，黏粒含量为 140 ～ 460 g/kg，pH 为 4.6 ～ 4.8。

典型景观

代表性单个土体剖面和整段土壤标本

代表性单个土体　位于保亭县新政镇什奋村，18.477332° N，109.599107° E，海拔 138 m，丘陵坡地中下部，花岗岩风化坡积物，橡胶林。50 cm 深土壤温度为 27.2℃。野外调查时间为 2020 年 12 月 10 日，编号为 46-2020-038。

Ah：0 ～ 18 cm，浊橙色（5YR 6/4，干），浊红棕色（5YR 4/3，润），5% 岩石碎屑，砂质壤土，团粒结构，松散，向下层渐变波状过渡。

AB：18 ～ 40 cm，浊橙色（5YR 6/4，干），浊红棕色（5YR 4/3，润），5% 岩石碎屑，黏土，小块状结构，紧实，向下层渐变波状过渡。

Bw1：40 ～ 75 cm，橙色（5YR 6/8，干），红棕色（5YR 4/6，润），10% 岩石碎屑，黏土，小块状结构，紧实，向下层渐变波状过渡。

Bw2：75 ～ 100 cm，橙色（5YR 6/8，干），红棕色（5YR 4/6，润），10% 岩石碎屑，黏壤土，小块状结构，很紧实。

对比土系 育才系，空间位置相近，地形部位和母质类型一致，同一土纲不同亚纲，气候较干，为湿润富铁土。

生产性能综述 土体深厚，发育强，耕层质地适中，耕性和通透性好，酸性较强，有机质和氮素含量较高，磷钾略缺，应增施磷钾肥，保护现有植被，防止水土流失。

中国土壤分类 砖红壤

美国系统分类 Ruptic-Alfic Dystrudepts

世界土壤资源参比基础 Skeletic Rhodic Ferric Acrisols（Clayic, Hyperdystric）

代表性单个土体土壤物理性质

土层	深度 / cm	砾石 /（V/ %）	细土颗粒组成 /（g/kg）			质地	容重 /（g/cm³）
			砂粒	粉粒	黏粒		
Ah	0 ～ 18	5	674	185	141	砂质壤土	1.4
AB	18 ～ 40	5	329	233	438	黏土	1.5
Bw1	40 ～ 75	10	301	247	453	黏土	1.6
Bw2	75 ～ 100	10	397	229	375	黏壤土	1.6

注：砾石：＞ 2 mm 石块；砂粒：0.05 ～ 2 mm；粉粒：0.002 ～ 0.05 mm；黏粒：＜ 0.002 mm。

代表性单个土体土壤化学性质

深度 / cm	pH	有机质 /（g/kg）	全氮 /（g/kg）	碱解氮 /（mg/kg）	速效磷 /（mg/kg）	速效钾 /（mg/kg）	CEC/（cmol/kg）	游离铁 /（g/kg）
0 ～ 18	4.8	44.40	0.19	153	17.5	169	7.7	12.76
18 ～ 40	4.6	12.40	0.07	61	15.6	54.8	12.6	16.77
40 ～ 75	4.8	8.75	0.06	45	15.4	133	9.9	26.79
75 ～ 100	4.8	10.90	0.06	59	15.5	105	9.1	26.52

代表性单个土体环境质量等级

深度 /cm	铬	镍	铜	锌	镉	铅	汞	砷
0 ～ 18	Ⅰ类	Ⅰ类	Ⅰ类	Ⅰ类	Ⅰ类	Ⅰ类	Ⅰ类	Ⅰ类
18 ～ 40	Ⅰ类	Ⅰ类	Ⅰ类	Ⅰ类	Ⅰ类	Ⅰ类	Ⅰ类	Ⅰ类
40 ～ 75	Ⅰ类	Ⅰ类	Ⅰ类	Ⅰ类	Ⅰ类	Ⅰ类	Ⅰ类	Ⅰ类
75 ～ 100	Ⅰ类	Ⅰ类	Ⅰ类	Ⅰ类	Ⅰ类	Ⅰ类	Ⅰ类	Ⅰ类

环境质量背景值

指标	最小值	最大值	均值	中位数	标准偏差
pH	4.8	6.0	5.4	5.4	0.4
有机质 /%	0.98	4.44	2.20	2.22	0.66
砷 /（mg/kg）	0.8	8.7	2.6	1.2	2.9
镉 /（mg/kg）	0.02	0.10	0.08	0.08	0.02
铬 /（mg/kg）	4.2	35	23	26	10
铜 /（mg/kg）	3.9	22.5	12.2	6.2	8.2
汞 /（mg/kg）	0.029	0.114	0.038	0.037	0.009
镍 /（mg/kg）	2.0	13.3	8.6	8.7	3.0
铅 /（mg/kg）	19.4	25	23	22	2
锌 /（mg/kg）	37	108	59	57	23

注：此表数据均为表层。

8.2 黄色黏化湿润富铁土

育才系

土族名称：砂质硅质混合型非酸性高热性－黄色黏化湿润富铁土

拟定者：吴晓晨 杨安富 孟龙威

分布与环境条件 分布于海南南部山区，海拔 300 ～ 350 m；花岗岩风化物母质，林地，热带海洋性气候，年平均日照时数 2 100 h，气温 25 ～ 26℃，降水量 1 800 ～ 1 900 mm。

土系特征与变幅 成土过程包括腐殖质积累、黄化、黏化和脱硅富铁铝，诊断层包括淡薄表层、低活性富铁层和黏化层，诊断特性包括高热性土壤温度状况和湿润土壤水分状况。土体厚度 1 m 以上，淡薄表层厚 10 ～ 15 cm，在其之下为黏化层，厚约 30 cm，低活性富铁层上界为 60 cm 左右，质地构型为砂质壤土 - 砂质黏壤土 - 砂质黏土，砂粒含量为 560 ～ 790 g/kg，黏粒含量为 130 ～ 400 g/kg，pH 为 5.0 ～ 6.0。

典型景观

代表性单个土体剖面和整段土壤标本

代表性单个土体 位于三亚市育才镇抱头村，18.401144° N，109.327120° E，海拔 307 m，丘陵坡地中部，花岗岩风化物坡积物，杂木林。50 cm 深土壤温度为为 27.1℃。野外调查时间为 2020 年 12 月 6 日，编号为 46-2020-019。

Ah：0 ～ 14 cm，灰黄棕色（10YR 5/2，干），棕灰色（10YR 4/1，润），5% 岩石碎屑，砂质壤土，团粒结构，松散，向下层渐变波状过渡。

ABt：14 ～ 30 cm，黄棕色（10YR 7/4，干），棕色（10YR 5/3，润），5% 岩石碎屑，砂质黏壤土，小块状结构，稍紧实，向下层清晰平滑过渡。

Bt1：30 ～ 60 cm，黄棕色（10YR 7/6，干），黄棕色（10YR 5/6，润），10% 岩石碎屑，砂质黏壤土，小块状结构，紧实，向下层渐变波状过渡。

Bt2：60 ～ 120 cm，黄棕色（7.5YR 7/8，干），黄棕色（7.5YR 5/6，润），20% 岩石碎屑，砂质黏土，中块状结构，紧实。

对比土系 大炎系和美里系，同一土类不同亚类，无黄化现象，为普通黏化湿润富铁土。

生产性能综述 土体深厚，砾石较多，发育较强，表层偏浅，质地适中，耕性和通透性较好，酸性较强，磷素较缺，其他养分含量总体较高，应增施磷肥，保护现有植被，防止水土流失。

中国土壤分类 黄壤

美国系统分类 Inceptic Hapludults

世界土壤资源参比基础 Skeletic Xanthic Ferric Acrisols （Loamic, Ochric）

代表性单个土体土壤物理性质

土层	深度 / cm	砾石 / （V/ %）	细土颗粒组成 / （g/kg）			质地	容重 / （g/cm³）
			砂粒	粉粒	黏粒		
Ah	0 ～ 14	5	780	85	135	砂质壤土	1.2
ABt	14 ～ 30	5	731	47	222	砂质黏壤土	1.3
Bt1	30 ～ 60	10	593	83	324	砂质黏壤土	—
Bt2	60 ～ 120	20	568	34	398	砂质黏土	—

注：砾石：＞ 2 mm 石块；砂粒：0.05 ～ 2 mm；粉粒：0.002 ～ 0.05 mm；黏粒：＜ 0.002 mm。

代表性单个土体土壤化学性质

深度 / cm	pH	有机质 / （g/kg）	全氮 / （g/kg）	碱解氮 / （mg/kg）	速效磷 / （mg/kg）	速效钾 / （mg/kg）	CEC/ （cmol/kg）	游离铁 / （g/kg）
0 ～ 14	6.0	48.20	0.21	133	18.8	297	7.9	6.74
14 ～ 30	5.4	12.90	0.07	61	16.3	229	8.3	9.41
30 ～ 60	5.2	7.70	0.05	61	15.9	273	8.0	12.36
60 ～ 120	5.1	6.68	0.05	36	15.4	349	8.5	18.40

代表性单个土体环境质量等级

深度 /cm	铬	镍	铜	锌	镉	铅	汞	砷
0 ～ 14	Ⅰ类	Ⅰ类	Ⅰ类	Ⅰ类	Ⅰ类	Ⅰ类	Ⅰ类	Ⅰ类
14 ～ 30	Ⅰ类	Ⅰ类	Ⅰ类	Ⅰ类	Ⅰ类	Ⅰ类	Ⅰ类	Ⅰ类
30 ～ 60	Ⅰ类	Ⅰ类	Ⅰ类	Ⅰ类	Ⅰ类	Ⅰ类	Ⅰ类	Ⅰ类
60 ～ 120	Ⅰ类	Ⅰ类	Ⅰ类	Ⅰ类	Ⅰ类	Ⅰ类	Ⅰ类	Ⅰ类

环境质量背景值

指标	最小值	最大值	均值	中位数	标准偏差
pH	5.0	8.3	6.0	5.8	1.1
有机质 /%	0.81	4.82	1.31	1.22	0.41
砷 /（mg/kg）	1.1	6.9	2.2	1.6	2.1
镉 /（mg/kg）	0.02	0.09	0.06	0.06	0.02
铬 /（mg/kg）	6	62	16	8	20
铜 /（mg/kg）	2.2	22.6	7.5	4.9	7.0
汞 /（mg/kg）	0.024	0.180	0.035	0.036	0.010
镍 /（mg/kg）	1.8	12.9	4.0	3.0	4.0
铅 /（mg/kg）	14	48	31	31	11
锌 /（mg/kg）	17	57	40	41	14

注：此表数据均为表层。

8.3 普通黏化湿润富铁土

8.3.1 大炎系

土族名称：粗骨砂质硅质混合型非酸性高热性－普通黏化湿润富铁土

拟定者：吴晓晨　杨安富　孟龙威

分布与环境条件　分布于海南西部的低山丘陵，海拔 400 ～ 450 m；花岗岩风化物母质，次生林地或灌木林；热带海洋性气候，年平均日照时数 2 100 h，气温 21 ～ 22℃，降水量 1 600 ～ 1 800 mm。

土系特征与变幅　成土过程包括腐殖质积累、黏化和脱硅富铁铝，诊断层包括淡薄表层和低活性富铁层，诊断特性包括高热性土壤温度状况和湿润土壤水分状况。土体厚度 1 m 以上，淡薄表层厚 15 ～ 20 cm，黏化层上界为 20 cm 左右，低活性富铁层上界为40 cm 左右，厚约 40 cm，质地构型为砂质黏壤土 - 砂质壤土 - 砂质黏壤土，黏粒含量为 210 ～ 360 g/kg，pH 为 5.0 ～ 5.7。

典型景观

代表性单个土体剖面和整段土壤标本

代表性单个土体　位于昌江县王下乡大炎村，19.023499° N，109.196611° E，海拔 404 m，丘陵坡地中部，花岗岩风化坡积物，橡胶林。50 cm 深土壤温度为 26.6℃。野外调查时间为 2020 年 11 月 13 日，编号为 46-2020-024。

Ah：0 ～ 18 cm，亮棕色（7.5YR 5/6，干），灰棕色（7.5YR 4/2，润），砂质黏壤土，团粒结构，松散，向下层渐变波状过渡。

ABt：18 ～ 43 cm，亮棕色（7.5YR 5/6，干），灰棕色（7.5YR 4/2，润），砂质壤土，小块状结构，稍紧实，向下层渐变波状过渡。

Bt：43 ～ 90 cm，浊橙色（7.5YR 7/4，干），灰棕色（7.5YR 5/2，润），砂质黏壤土，小块状结构，紧实，向下层渐变波状过渡。

C：90 ~ 130 cm，浊橙色（7.5YR 7/4，干），灰棕色（7.5YR 5/2，润），砂质黏壤土，单粒，松散，无结构。

对比土系 美里系，玄武岩母质，同一亚类不同土族，为黏质。

生产性能综述 土体深厚，砾石较多，耕层偏浅，质地偏黏，耕性和通透性较差，耕层土壤为酸性，有机质和速效养分含量总体适中，应适度深耕，保护现有植被，适当增施有机肥和复合肥。

中国土壤分类 红壤

美国系统分类 Inceptic Hapludults

世界土壤资源参比基础 Skeletic Rhodic Ferric Acrisols （Loamic, Ochric）

代表性单个土体土壤物理性质

土层	深度 / cm	砾石 /（V/ %）	细土颗粒组成 /（g/kg）			质地	容重 /（g/cm³）
			砂粒	粉粒	黏粒		
Ah	0 ~ 18	30	675	112	213	砂质黏壤土	—
ABt	18 ~ 43	30	560	87	353	砂质壤土	—
Bt	43 ~ 90	40	599	95	306	砂质黏壤土	—
C	90 ~ 130	90	621	107	272	砂质黏壤土	—

注：砾石：＞2 mm 石块；砂粒：0.05 ~ 2 mm；粉粒：0.002 ~ 0.05 mm；黏粒：＜0.002 mm。

代表性单个土体土壤化学性质

深度 / cm	pH	有机质 /（g/kg）	全氮 /（g/kg）	碱解氮 /（mg/kg）	速效磷 /（mg/kg）	速效钾 /（mg/kg）	CEC/（cmol/kg）	游离铁 /（g/kg）
0 ~ 18	5.7	27.40	0.14	107	19.4	415	8.1	11.53
18 ~ 43	5.2	11.20	0.08	51	18.1	412	5.6	13.95
43 ~ 90	5.0	5.98	0.06	42	18.0	206	7.8	25.01
90 ~ 130	5.2	1.98	0.04	22	18.1	341	5.1	12.09

代表性单个土体环境质量等级

深度 /cm	铬	镍	铜	锌	镉	铅	汞	砷
0～18	Ⅰ类	Ⅰ类	Ⅰ类	Ⅰ类	Ⅰ类	Ⅰ类	Ⅰ类	Ⅰ类
18～43	Ⅰ类	Ⅰ类	Ⅰ类	Ⅰ类	Ⅰ类	Ⅰ类	Ⅰ类	Ⅰ类
43～90	Ⅰ类	Ⅰ类	Ⅰ类	Ⅰ类	Ⅰ类	Ⅰ类	Ⅰ类	Ⅰ类
90～130	Ⅰ类	Ⅰ类	Ⅰ类	Ⅰ类	Ⅰ类	Ⅰ类	Ⅰ类	Ⅰ类

环境质量背景值

指标	最小值	最大值	均值	中位数	标准偏差
pH	4.5	6.7	5.6	5.4	0.7
有机质 /%	0.44	2.93	1.52	1.17	0.83
砷 /（mg/kg）	1.0	44.5	14.1	13.9	12.5
镉 /（mg/kg）	0.01	1.16	0.17	0.08	0.29
铬 /（mg/kg）	6	71	33	27	20
铜 /（mg/kg）	3.9	60.0	17.8	11.0	16.4
汞 /（mg/kg）	0.014	0.079	0.037	0.035	0.020
镍 /（mg/kg）	2.7	29.4	10.4	9.9	7.0
铅 /（mg/kg）	15	335	52	25	79
锌 /（mg/kg）	23	264	87	68	64

注：此表数据均为表层。

8.3.2 美里系

土族名称：黏质硅质混合型酸性高热性－普通黏化湿润富铁土

拟定者：吴晓晨 杨安富 孟龙威

分布与环境条件 分布于海南北部丘陵缓坡，海拔低于 100 m；玄武岩风化物母质，林地；热带海洋性气候，年平均日照时数 2 100 h，气温 23 ～ 24℃，降水量 1 900 ～ 2 000 mm。

土系特征与变幅 成土过程包括腐殖质积累、黏化和脱硅富铁铝，诊断层包括淡薄表层和低活性富铁层，诊断特性包括高热性土壤温度状况和湿润土壤水分状况。土体厚度 1 m 以上，淡薄表层厚约 20 cm，黏化层和低活性富铁层上界为 40 cm 左右，厚约 40 cm，通体为黏土，黏粒含量为 430 ～ 590 g/kg，pH 为 4.4 ～ 4.6。

典型景观

代表性单个土体剖面和整段土壤标本

代表性单个土体　位于海口市琼山区美里村，19.683281° N，110.535917° E，海拔 72 m，丘陵台地，玄武岩风化坡积物，橡胶林。50 cm 深土壤温度为 26.4℃。野外调查时间为 2021 年 1 月 3 日，编号为 46-2020-045。

Ap：0 ～ 20 cm，浊红棕色（2.5YR 4/4，干），暗红棕色（7.5R 3/3，润），黏土，团粒 - 小块状结构，松散，向下层清晰平滑过渡。

AB：20 ～ 40 cm，亮红棕色（2.5YR 4/6，干），暗红棕色（7.5R 3/4，润），黏土，小块状结构，稍紧实，向下层渐变波状过渡。

Bt1：40 ～ 80 cm，亮红棕色（2.5YR 4/6，干），暗红棕色（7.5R 3/4，润），黏土，小块状结构，稍紧实，向下层渐变波状过渡。

Bt2：80 ～ 100 cm，亮红棕色（2.5YR 4/6，干），暗红棕色（7.5R 3/4，润），黏土，小块状结构，稍紧实。

对比土系 大炎系，花岗岩母质，同一亚类不同土族，为粗骨砂质。

生产性能综述 土体深厚，耕层较厚，质地黏，耕性和通透性差，酸性较强，有机质含量中等，速效养分含量总体偏低。应保护现有植被，适当增施有机肥和复合肥。

中国土壤分类 红壤

美国系统分类 Inceptic Hapludults

世界土壤资源参比基础 Rhodic Ferric Acrisols （Clayic, Ochric）

代表性单个土体土壤物理性质

土层	深度 / cm	砾石 /（*V*/ %）	细土颗粒组成 /（g/kg）			质地	容重 /（g/cm³）
			砂粒	粉粒	黏粒		
Ap	0 ～ 20	0	124	297	579	黏土	1.0
AB	20 ～ 40	0	177	394	430	黏土	1.1
Bt1	40 ～ 80	0	143	336	521	黏土	1.0
Bt2	80 ～ 100	0	104	311	585	黏土	1.0

注：砾石：＞ 2 mm 石块；砂粒：0.05 ～ 2 mm；粉粒：0.002 ～ 0.05 mm；黏粒：＜ 0.002 mm。

代表性单个土体土壤化学性质

深度 / cm	pH	有机质 /（g/kg）	全氮 /（g/kg）	碱解氮 /（mg/kg）	速效磷 /（mg/kg）	速效钾 /（mg/kg）	CEC/（cmol/kg）	游离铁 /（g/kg）
0 ～ 20	4.4	20.20	0.09	83	15.3	57.7	7.0	110.53
20 ～ 40	4.5	21.20	0.08	79	15.5	32.1	11.9	113.50
40 ～ 80	4.6	23.80	0.11	102	15.3	30.1	12.0	111.33
80 ～ 100	4.6	11.50	0.06	44	15.3	31.8	8.0	117.55

代表性单个土体环境质量等级

深度 /cm	铬	镍	铜	锌	镉	铅	汞	砷
0 ～ 20	Ⅰ类	Ⅰ类	Ⅰ类	Ⅰ类	Ⅰ类	Ⅰ类	Ⅰ类	Ⅰ类
20 ～ 40	Ⅰ类	Ⅰ类	Ⅰ类	Ⅰ类	Ⅰ类	Ⅰ类	Ⅰ类	Ⅰ类
40 ～ 80	Ⅰ类	Ⅰ类	Ⅰ类	Ⅰ类	Ⅰ类	Ⅰ类	Ⅰ类	Ⅰ类
80 ～ 100	Ⅰ类	Ⅰ类	Ⅰ类	Ⅰ类	Ⅰ类	Ⅰ类	Ⅰ类	Ⅰ类

环境质量背景值

指标	最小值	最大值	均值	中位数	标准偏差
pH	4.1	6.0	4.8	4.8	0.4
有机质 /%	2.02	3.59	3.16	3.13	0.27
砷 /（mg/kg）	0.1	8.1	3.9	4.1	2.4
镉 /（mg/kg）	0.02	0.43	0.13	0.07	0.11
铬 /（mg/kg）	292	954	449	416	135
铜 /（mg/kg）	41.2	97.2	75.3	74.8	15.0
汞 /（mg/kg）	0.038	0.173	0.079	0.074	0.035
镍 /（mg/kg）	118.0	293.0	175.0	166.5	40.7
铅 /（mg/kg）	7	35	18	17	6
锌 /（mg/kg）	87	184	137	137	25

注：此表数据均为表层。

第九章 淋溶土

9.1 普通铁质干润淋溶土

感城系

土族名称：粗骨砂质硅质混合型非酸性高热性－普通铁质干润淋溶土

拟定者：林天　孟龙威　卓奕秀

分布与环境条件　分布于海南西部的低山丘陵，海拔低于 50 m；花岗岩风化物母质，林地；热带海洋性气候，年平均日照时数 2 300 h，气温 24 ～ 25℃，降水量 1 400 ～ 1 600 mm。

土系特征与变幅　成土过程包括腐殖质积累和黏化，诊断层包括淡薄表层和黏化层，诊断特性包括高热性土壤温度状况、半干润土壤水分状况和铁质特性。土体厚度 1 m 以上，淡薄表层厚约 20 cm，约 40 cm 以下为黏化层，质地构型为壤质砂土 - 砂质黏壤土，黏粒含量为 60 ～ 270 g/kg，砂粒含量为 680 ～ 830 g/kg，pH 为 5.4 ～ 6.0。

典型景观

代表性单个土体剖面和整段土壤标本

代表性单个土体　位于东方市感城镇抱利村，18.792684° N，108.723137° E，海拔 22 m，低山丘陵坡地下部，花岗岩风化坡积物，杂木林。50 cm 深土壤温度为 27.1℃。野外调查时间为 2020 年 11 月 18 日，编号为 46-2020-017。

Ah1：0 ～ 20 cm，浊棕色（7.5YR 5/4，干），棕色（7.5YR 4/3，润），壤质砂土，团粒结构，松散，向下层清晰平滑过渡。

Ah2：20 ～ 40 cm，橙色（7.5YR 6/6，干），棕色（7.5YR 4/4，润），壤质砂土，小块状结构，稍紧实，向下层渐变波状过渡。

AB：40 ～ 57 cm，橙色（7.5YR 6/8，干），棕色（7.5YR 4/6，润），壤质砂土，小块状结构，紧实，向下层清晰平滑过渡。

Bt：57～120 cm，橙色（7.5YR 6/8，干），棕色（7.5YR 4/6，润），50%岩石碎屑，砂质黏壤土，中块状结构，紧实，土体中有少量铁锰结核。

对比土系 北黎系，地理位置相近，滨海台地，海相沉积物母质，同一亚纲不同土类，无铁质特性，有氧化还原特征，为简育干润淋溶土。

生产性能综述 土体深厚，表层较厚，砂性、耕性和通透性好，弱酸性，养分含量总体偏低。应保护和培育现有植被，增施有机肥和复合肥，提升植被覆盖度，防止水土流失。

中国土壤分类 燥红土

美国系统分类 Kanhaplic Rhodustalfs

世界土壤资源参比基础 Skeletic Ferric Lixisols （Arenic, Ochric）

代表性单个土体土壤物理性质

土层	深度 / cm	砾石 / （V/ %）	细土颗粒组成 / （g/kg）			质地	容重 / （g/cm³）
			砂粒	粉粒	黏粒		
Ah1	0～20	0	815	124	61	壤质砂土	1.2
Ah2	20～40	0	815	86	99	壤质砂土	1.5
AB	40～57	0	820	77	103	壤质砂土	1.4
Bt	57～120	50	689	47	264	砂质黏壤土	—

注：砾石：＞2 mm 石块；砂粒：0.05～2 mm；粉粒：0.002～0.05 mm；黏粒：＜0.002 mm。

代表性单个土体土壤化学性质

深度 / cm	pH	有机质 / （g/kg）	全氮 / （g/kg）	碱解氮 / （mg/kg）	速效磷 / （mg/kg）	速效钾 / （mg/kg）	CEC/ （cmol/kg）	游离铁 / （g/kg）
0～20	6.0	13.10	0.07	66	20.8	122	2.5	4.65
20～40	5.8	4.92	0.03	45	20.0	139	1.8	6.53
40～57	5.6	3.21	0.03	38	20.2	151	1.8	7.40
57～120	5.4	5.96	0.06	51	19.4	393	12.4	21.58

代表性单个土体环境质量等级

深度 /cm	铬	镍	铜	锌	镉	铅	汞	砷
0～20	Ⅰ类	Ⅰ类	Ⅰ类	Ⅰ类	Ⅰ类	Ⅰ类	Ⅰ类	Ⅰ类
20～40	Ⅰ类	Ⅰ类	Ⅰ类	Ⅰ类	Ⅰ类	Ⅰ类	Ⅰ类	Ⅰ类
40～57	Ⅰ类	Ⅰ类	Ⅰ类	Ⅰ类	Ⅰ类	Ⅰ类	Ⅰ类	Ⅰ类
57～120	Ⅰ类	Ⅰ类	Ⅰ类	Ⅰ类	Ⅰ类	Ⅱ类	Ⅰ类	Ⅰ类

环境质量背景值

指标	最小值	最大值	均值	中位数	标准偏差
pH	5.8	7.8	6.4	6.2	0.7
有机质 /%	0.41	1.31	0.66	0.69	0.17
砷 /（mg/kg）	1.0	2.2	1.4	1.3	0.4
镉 /（mg/kg）	0.03	0.18	0.10	0.09	0.05
铬 /（mg/kg）	6	16	11	11	4
铜 /（mg/kg）	2.9	6.1	4.5	4.1	1.2
汞 /（mg/kg）	0.015	0.038	0.020	0.019	0.005
镍 /（mg/kg）	2.8	5.6	3.8	3.7	1.0
铅 /（mg/kg）	17	66	36	32	15
锌 /（mg/kg）	9	62	31	20	20

注：此表数据均为表层。

9.2 斑纹简育干润淋溶土

北黎系

土族名称：砂质硅质混合型非酸性高热性－斑纹简育干润淋溶土
拟定者：吴晓晨 孟龙威 杨丽

分布与环境条件 分布于海南西南部的海相冲积平原台地，海拔低于 50 m；浅海沉积物母质，林地；热带海洋性气候，年平均日照时数 2 300 h，气温 23 ～ 25℃，降水量 1 600 ～ 1 700 mm。

土系特征与变幅 成土过程包括腐殖质积累和黏化，诊断层包括淡薄表层和黏化层，诊断特性包括高热性土壤温度状况、半干润土壤水分状况和氧化还原特征。土体厚度 1 m 以上，淡薄表层厚 15 ～ 20 cm，约 40 cm 以下为黏化层，质地构型为砂土 - 壤质砂土，黏粒含量为 10 ～ 80 g/kg，砂粒含量为 800 ～ 890 g/kg，pH 为 5.9 ～ 6.9。

典型景观

代表性单个土体剖面和整段土壤标本

代表性单个土体 位于东方市八所镇北黎村，19.135339° N，108.699832° E，海拔 20 m，台地，浅海沉积物母质，桉树林。50 cm 深土壤温度为 26.8℃。野外调查时间为 2020 年 11 月 17 日，编号为 46-2020-042。

Ah：0 ～ 15 cm，浊黄橙色（10YR 6/4，干），浊黄棕色（10YR 4/3，润），砂土，团粒结构，松散，向下层清晰平滑过渡。

AB：15 ～ 40 cm，浊黄橙色（10YR 7/3，干），浊黄棕色（10YR 5/3，润），砂土，小块状结构，稍紧实，可见少量铁锰斑纹，向下层渐变波状过渡。

Btr1：40 ～ 55 cm，浊黄橙色（10YR 7/3，干），浊黄棕色（10YR 5/3，润），壤质砂土，小块状结构，稍紧实，可见大量铁锰斑纹，向下层渐变波状过渡。

Btr2：55 ～ 100 cm，亮黄棕色（10YR 6/6，干），棕色（10YR 4/4，润），壤质砂土，中块状结构，紧实，可见大量铁锰斑纹，土体中含有少量铁锰结核，向下层渐变波状过渡。

R：100 ～ 120 cm，基岩。

对比土系 感城系，地理位置相近，低山丘陵地形，同一亚纲不同土类，具有铁质特性，为铁质干润淋溶土。桶东系，花岗岩母质，同一土类不同亚类，无氧化还原特征，为普通简育干润淋溶土。

生产性能综述 土体深厚，表层偏浅，砂性、耕性和通透性好，中性，养分含量总体较低，应适度深耕，增施有机肥和复合肥，保护和培育现有植被。

中国土壤分类 冲积土

美国系统分类 Oxic Haplustepts

世界土壤资源参比基础 Haplic Lixisols （Arenic, Ochric）

代表性单个土体土壤物理性质

土层	深度 / cm	砾石 /（V/ %）	细土颗粒组成 /（g/kg）			质地	容重 /（g/cm³）
			砂粒	粉粒	黏粒		
Ah	0 ～ 15	0	881	104	15	砂土	1.4
AB	15 ～ 40	0	882	106	12	砂土	1.6
Btr1	40 ～ 55	0	859	92	49	壤质砂土	1.7
Btr2	55 ～ 100	0	804	120	76	壤质砂土	1.7

注：砾石：＞ 2 mm 石块；砂粒：0.05 ～ 2 mm；粉粒：0.002 ～ 0.05 mm；黏粒：＜ 0.002 mm。

代表性单个土体土壤化学性质

深度 / cm	pH	有机质 /（g/kg）	全氮 /（g/kg）	碱解氮 /（mg/kg）	速效磷 /（mg/kg）	速效钾 /（mg/kg）	CEC/（cmol/kg）	游离铁 /（g/kg）
0 ～ 15	6.9	3.81	0.02	13	29.4	35.2	0.6	1.04
15 ～ 40	5.9	2.35	0.01	6	24.6	17.3	0.3	1.02
40 ～ 55	5.9	1.73	0.01	8	29.3	38.7	0.7	2.64
55 ～ 100	6.0	1.72	0.01	9	32.9	39.8	1.1	3.74

代表性单个土体环境质量等级

深度 /cm	铬	镍	铜	锌	镉	铅	汞	砷
0 ～ 15	Ⅰ类	Ⅰ类	Ⅰ类	Ⅰ类	Ⅰ类	Ⅰ类	Ⅰ类	Ⅰ类
15 ～ 40	Ⅰ类	Ⅰ类	Ⅰ类	Ⅰ类	Ⅰ类	Ⅰ类	Ⅰ类	Ⅰ类
40 ～ 55	Ⅰ类	Ⅰ类	Ⅰ类	Ⅰ类	Ⅰ类	Ⅰ类	Ⅰ类	Ⅰ类
55 ～ 100	Ⅰ类	Ⅰ类	Ⅰ类	Ⅰ类	Ⅰ类	Ⅱ类	Ⅰ类	Ⅰ类

环境质量背景值

指标	最小值	最大值	均值	中位数	标准偏差
pH	5.2	7.4	6.2	6.1	0.7
有机质 /%	0.24	0.98	0.58	0.60	0.23
砷 /（mg/kg）	0.0	2.8	1.3	1.1	0.9
镉 /（mg/kg）	0.03	0.08	0.05	0.05	0.02
铬 /（mg/kg）	4	22	11	11	5
铜 /（mg/kg）	0.6	5.3	3.1	3.0	1.4
汞 /（mg/kg）	0.005	0.065	0.020	0.021	0.013
镍 /（mg/kg）	0.7	4.0	2.2	2.1	1.0
铅 /（mg/kg）	5	27	14	14	7
锌 /（mg/kg）	9	40	17	13	9

注：此表数据均为表层。

9.3 普通简育干润淋溶土

桶东系

土族名称：砂质硅质混合型非酸性高热性－普通简育干润淋溶土

拟定者：孟龙威　卓奕秀　林天

分布与环境条件　分布于海南南部低丘岗地，海拔低于 50 m；花岗岩风化物母质，园地；热带海洋性气候，年平均日照时数 2 300 h，气温 25 ～ 26℃，降水量 1 800 ～ 1 900 mm。

土系特征与变幅　成土过程包括腐殖质积累和黏化，诊断层包括淡薄表层和黏化层，诊断特性包括高热性土壤温度状况和半干润土壤水分状况。土体厚度 1 m 以上，淡薄表层厚 15 ～ 20 cm，约 30 cm 以下为黏化层，质地构型为砂土 - 砂质壤土 - 砂质黏壤土，黏粒含量为 60 ～ 250 g/kg，砂粒含量为 720 ～ 920 g/kg，pH 为 5.7 ～ 5.9。

典型景观

代表性单个土体剖面和整段土壤标本

代表性单个土体　位于三亚市天涯区桶东村，18.305048° N，109.387150° E，海拔 10 m，岗地顶部，花岗岩风化坡积物，杧果园。50 cm 深土壤温度为 27.4℃。野外调查时间为 2020 年 12 月 5 日，编号为 46-2020-006。

Ap：0 ～ 16 cm，浊橙色（7.5YR 7/4，干），浊棕色（7.5YR 5/3，润），砂土，团粒 - 小块状结构，松散 - 稍紧实，向下层清晰平滑过渡。

AB：16 ～ 28 cm，浊橙色（7.5YR 7/4，干），浊棕色（7.5YR 5/3，润），砂质壤土，小块状结构，稍紧实，向下层清晰平滑过渡。

Bt1：28 ～ 50 cm，橙色（7.5YR 6/8，干），棕色（7.5YR 4/6，润），砂质黏壤土，小块状结构，紧实，向下层渐变波状过渡。

Bt2：50～120 cm，橙色（7.5YR 6/8，干），棕色（7.5YR 4/6，润），砂质黏壤土，小块状结构，紧实。

对比土系 北黎系，浅海沉积物母质，同一土类不同亚类，有氧化还原特征，为斑纹简育干润淋溶土。

生产性能综述 土体深厚，耕层偏浅，砂性、耕性和通透性好，弱酸性，养分含量总体很低，应适度深耕，增施有机肥和复合肥。

中国土壤分类 砖红壤

美国系统分类 Typic Haplustalfs

世界土壤资源参比基础 Haplic Luvisols （Loamic, Ochric）

代表性单个土体土壤物理性质

土层	深度 / cm	砾石 /（V/ %）	细土颗粒组成 /（g/kg）			质地	容重 /（g/cm³）
			砂粒	粉粒	黏粒		
Ap	0～16	0	914	24	62	砂土	1.6
AB	16～28	0	771	50	179	砂质壤土	1.7
Bt1	28～50	0	742	29	229	砂质黏壤土	1.7
Bt2	50～120	0	729	29	241	砂质黏壤土	1.7

注：砾石：＞2 mm 石块；砂粒：0.05～2 mm；粉粒：0.002～0.05 mm；黏粒：＜0.002 mm。

代表性单个土体土壤化学性质

深度 / cm	pH	有机质 /（g/kg）	全氮 /（g/kg）	碱解氮 /（mg/kg）	速效磷 /（mg/kg）	速效钾 /（mg/kg）	CEC/（cmol/kg）	游离铁 /（g/kg）
0～16	5.9	4.90	0.03	25	21.4	47.3	4.3	1.64
16～28	5.8	6.14	0.07	31	17.2	83.4	3.3	5.21
28～50	5.7	4.93	0.05	28	17.3	101.0	2.8	7.80
50～120	5.7	4.14	0.04	25	18.4	81.4	3.3	7.14

代表性单个土体环境质量等级

深度 /cm	铬	镍	铜	锌	镉	铅	汞	砷
0～16	Ⅰ类	Ⅰ类	Ⅰ类	Ⅰ类	Ⅰ类	Ⅰ类	Ⅰ类	Ⅰ类
16～28	Ⅰ类	Ⅰ类	Ⅰ类	Ⅰ类	Ⅰ类	Ⅰ类	Ⅰ类	Ⅰ类
28～50	Ⅰ类	Ⅰ类	Ⅰ类	Ⅰ类	Ⅰ类	Ⅰ类	Ⅰ类	Ⅰ类
50～120	Ⅰ类	Ⅰ类	Ⅰ类	Ⅰ类	Ⅰ类	Ⅱ类	Ⅰ类	Ⅰ类

环境质量背景值

指标	最小值	最大值	均值	中位数	标准偏差
pH	5.2	6.5	5.9	6.1	0.5
有机质 /%	0.49	4.26	1.77	1.38	1.14
砷 /（mg/kg）	0.3	7.2	1.7	0.7	2.4
镉 /（mg/kg）	0.03	0.18	0.08	0.06	0.05
铬 /（mg/kg）	3	12.8	6	6	2
铜 /（mg/kg）	2.0	6.2	4.2	4.5	1.6
汞 /（mg/kg）	0.017	0.131	0.041	0.030	0.040
镍 /（mg/kg）	1.6	6.2	3.3	2.7	1.6
铅 /（mg/kg）	13	48	32	33	11
锌 /（mg/kg）	12	54	28	24	15

注：此表数据均为表层。

9.4 腐殖铝质常湿淋溶土

五指山系

土族名称：黏壤质硅质混合型高热性－腐殖铝质常湿淋溶土

拟定者：吴晓晨　杨安富　孟龙威

分布与环境条件　分布于海南中部山地，海拔高于 1 000 m；安山岩风化物母质，林地；热带海洋性气候，年平均日照时数 1 800 h，气温 21 ～ 22℃，降水量 1 600 ～ 1 800 mm。

土系特征与变幅　成土过程包括腐殖质积累、黏化和富铝化，诊断层包括淡薄表层和黏化层，诊断特性包括高热性土壤温度状况、常湿润土壤水分状况、铝质现象和腐殖质特性。土体厚度 1 m 以上，淡薄表层厚约 20 cm，在其之下为黏化层，质地构型为壤土 - 黏壤土，黏粒含量为 160 ～ 390 g/kg，粉粒含量为 340 ～ 500 g/kg，pH 为 3.8 ～ 4.6。

典型景观

代表性单个土体剖面和整段土壤标本

代表性单个土体　位于五指山市五指山，18.901529° N，109.688646° E，海拔 1 002 m，低山坡地中部，热带雨林。50 cm 深土壤温度为 26.3℃。野外调查时间为 2020 年 11 月 6 日，编号为 46-2020-004。

Ah：0 ～ 20 cm，灰黄棕色（10YR 6/2，干），灰黄棕色（10YR 4/2，润），壤土，屑粒结构，松散，向下层清晰平滑过渡。

Bt1：20 ～ 40 cm，浊黄橙色（10YR 7/4，干），浊黄棕色（10YR 5/4，润），黏壤土，小块状结构，稍紧实，向下层渐变波状过渡。

Bt2：40 ～ 65 cm，黄橙色（10YR 8/6，干），浊黄橙色（10YR 6/4，润），黏壤土，中块状结构，紧实，向下层渐变波状过渡。

Bt3：65 ～ 110 cm，黄橙色（10YR 8/6，干），浊黄橙色（10YR 6/4，润），黏壤土，中块状结构，很紧实。

对比土系 吊罗山系，地理位置相近，同一土类不同亚类，无腐殖质特性，为普通铝质常湿淋溶土。毛阳系，地理位置相近，同一亚纲不同土类，无铝质特性但有铝质现象，为简育常湿淋溶土。

生产性能综述 土体深厚，表层较厚，表层质地适中，耕性和通透性较好，酸性较强，有机质和氮素含量高，磷钾含量低。应增施磷钾肥，保护现有植被，减少人为干扰，防止水土流失。

中国土壤分类 山地黄壤

美国系统分类 Palehumults

世界土壤资源参比基础 Haplic Alisols （Loamic，Hyperdystric，Ochric，Hyperalic）

代表性单个土体土壤物理性质

土层	深度 / cm	砾石 /（V/ %）	细土颗粒组成 /（g/kg）			质地	容重 /（g/cm³）
			砂粒	粉粒	黏粒		
Ah	0 ～ 20	0	339	492	169	壤土	0.8
Bt1	20 ～ 40	0	315	405	280	黏壤土	1
Bt2	40 ～ 65	0	285	421	295	黏壤土	1.3
Bt3	65 ～ 110	0	268	344	388	黏壤土	1.1

注：砾石：＞ 2 mm 石块；砂粒：0.05 ～ 2 mm；粉粒：0.002 ～ 0.05 mm；黏粒：＜ 0.002 mm。

代表性单个土体土壤化学性质

深度 / cm	pH	有机质 /（g/kg）	全氮 /（g/kg）	碱解氮 /（mg/kg）	速效磷 /（mg/kg）	速效钾 /（mg/kg）	CEC/（cmol/kg）	游离铁 /（g/kg）
0 ～ 20	3.8	83.40	0.33	309	17.9	86.5	20.1	6.60
20 ～ 40	4.4	18.10	0.09	77	17.0	40.9	25.1	7.80
40 ～ 65	4.5	15.20	0.07	51	17.0	37.4	27	7.80
65 ～ 110	4.6	7.99	0.04	28	17.0	33.6	27.2	7.44

代表性单个土体环境质量等级

深度 /cm	铬	镍	铜	锌	镉	铅	汞	砷
0 ～ 20	Ⅰ类	Ⅰ类	Ⅰ类	Ⅰ类	Ⅰ类	Ⅰ类	Ⅰ类	Ⅰ类
20 ～ 40	Ⅰ类	Ⅰ类	Ⅰ类	Ⅰ类	Ⅰ类	Ⅰ类	Ⅰ类	Ⅰ类
40 ～ 65	Ⅰ类	Ⅰ类	Ⅰ类	Ⅰ类	Ⅰ类	Ⅰ类	Ⅰ类	Ⅰ类
65 ～ 110	Ⅰ类	Ⅰ类	Ⅰ类	Ⅰ类	Ⅰ类	Ⅰ类	Ⅰ类	Ⅰ类

环境质量背景值

指标	最小值	最大值	均值	中位数	标准偏差
pH	3.8	6.0	5.4	5.7	0.6
有机质 /%	1.41	8.34	2.41	2.12	1.06
砷 /（mg/kg）	0.1	6.5	1.8	1.2	1.9
镉 /（mg/kg）	0.02	0.25	0.11	0.10	0.06
铬 /（mg/kg）	10	41	26	21	9
铜 /（mg/kg）	1.5	12.3	8.5	9.6	3.0
汞 /（mg/kg）	0.022	0.183	0.037	0.034	0.011
镍 /（mg/kg）	2.9	15.6	9.4	8.6	3.0
铅 /（mg/kg）	7	48	34	33	6
锌 /（mg/kg）	14.9	150	99	92	27

注：此表数据均为表层。

9.5 普通铝质常湿淋溶土

9.5.1 乐光系

土族名称：粗骨砂质硅质混合型高热性－普通铝质常湿淋溶土

拟定者：孟龙威　董璐　杨丽

分布与环境条件　分布于海南西南部的低山丘陵，海拔 300 ～ 400 m；花岗岩风化物母质，林地；热带海洋性气候，年平均日照时数 2 000 h，气温 23 ～ 24℃，降水量 1 600 ～ 1 700 mm。

土系特征与变幅　成土过程包括腐殖质积累、黏化和富铝化，诊断层包括淡薄表层和黏化层，诊断特性包括高热性土壤温度状况、常湿润土壤水分状况和铝质现象。土体厚度 1 m 以下，淡薄表层厚 10 ～ 15 cm，在其之下为黏化层，厚约 30 cm，通体砾石含量为 10% ～ 60%，质地构型为砂质壤土 - 砂质黏壤土，黏粒含量为 120 ～ 320 g/kg，砂粒含量为 540 ～ 730 g/kg，pH 为 5.1 ～ 5.4。

典型景观

代表性单个土体剖面和整段土壤标本

代表性单个土体 位于乐东县乐光农场，18.567233° N，109.137193° E，海拔 356 m，丘陵坡地上部，花岗岩风化残积 - 坡积物，杂木林。50 cm 深土壤温度为 27.0℃。野外调查时间为 2020 年 12 月 3 日，编号为 46-2020-047。

Ah：0 ～ 13 cm，浊黄橙色（10YR 7/4，干），灰黄棕色（10YR 5/2，润），10% 岩石碎屑，砂质壤土，团粒结构，松散，向下层清晰平滑过渡。

Bt：13 ～ 41 cm，亮黄棕色（10YR 6/8，干），黄棕色（10YR 5/6，润），30% 岩石碎屑，砂质黏壤土，小块状结构，紧实，向下层渐变波状过渡。

BC：41 ～ 62 cm，亮黄棕色（10YR 6/8，干），黄棕色（10YR 5/6，润），60% 岩石碎屑，砂质黏壤土，中块状结构，紧实，向下层渐变波状过渡。

C：62 ~ 120 cm，半风化体。

对比土系 尖峰岭系、吊罗山系、毛弄系、黄牛岭系和中平系，同一亚类不同土族，尖峰岭系为粗骨壤质，吊罗山系和毛弄系为砂质，黄牛岭系为黏质，中平系为黏壤质。

生产性能综述 土体较薄，砾石较多，表层偏砂，耕性和通透性较好，酸性较强，磷素略缺，其他养分含量总体中等。应增施磷肥，保护现有植被，减少人为干扰，防止水土流失。

中国土壤分类 山地黄壤

美国系统分类 Palehumults

世界土壤资源参比基础 Skeletic Xanthic Alisols （Loamic, Ochric）

代表性单个土体土壤物理性质

土层	深度 / cm	砾石 /（V/ %）	细土颗粒组成 /（g/kg）			质地	容重 /（g/cm³）
			砂粒	粉粒	黏粒		
Ah	0 ~ 13	10	730	148	123	砂质壤土	1.2
Bt	13 ~ 41	30	548	138	315	砂质黏壤土	1.3
BC	41 ~ 62	60	613	180	207	砂质黏壤土	1.4
C	62 ~ 120	0	646	202	152	砂质壤土	1.5

注：砾石：＞2 mm 石块；砂粒：0.05 ~ 2 mm；粉粒：0.002 ~ 0.05 mm；黏粒：＜0.002 mm。

代表性单个土体土壤化学性质

深度 / cm	pH	有机质 /（g/kg）	全氮 /（g/kg）	碱解氮 /（mg/kg）	速效磷 /（mg/kg）	速效钾 /（mg/kg）	CEC/（cmol/kg）	游离铁 /（g/kg）
0 ~ 13	5.2	24.60	0.11	94	18.0	155.0	6.6	8.36
13 ~ 41	5.1	14.70	0.10	84	15.9	124.0	9.0	15.11
41 ~ 62	5.1	7.47	0.04	40	15.5	61.0	14.3	16.57
62 ~ 120	5.4	5.83	0.03	27	15.5	49.7	14.0	20.24

代表性单个土体环境质量等级

深度 /cm	铬	镍	铜	锌	镉	铅	汞	砷
0 ～ 13	Ⅰ类	Ⅰ类	Ⅰ类	Ⅰ类	Ⅰ类	Ⅰ类	Ⅰ类	Ⅰ类
13 ～ 41	Ⅰ类	Ⅰ类	Ⅰ类	Ⅰ类	Ⅰ类	Ⅰ类	Ⅰ类	Ⅰ类
41 ～ 62	Ⅰ类	Ⅰ类	Ⅰ类	Ⅰ类	Ⅰ类	Ⅰ类	Ⅰ类	Ⅰ类
62 ～ 120	Ⅰ类	Ⅰ类	Ⅰ类	Ⅰ类	Ⅰ类	Ⅰ类	Ⅰ类	Ⅰ类

环境质量背景值

指标	最小值	最大值	均值	中位数	标准偏差
pH	5.2	8.6	6.1	5.8	1.0
有机质 /%	0.10	3.86	1.54	1.45	1.15
砷 /（mg/kg）	2.3	3.6	2.9	3.0	0.5
镉 /（mg/kg）	0.01	0.05	0.03	0.03	0.01
铬 /（mg/kg）	0	17	9	10	6
铜 /（mg/kg）	1.5	9.9	4.6	3.7	2.8
汞 /（mg/kg）	0.001	0.046	0.018	0.018	0.014
镍 /（mg/kg）	0.7	5.4	2.9	3.1	1.7
铅 /（mg/kg）	21	38	29	27	8
锌 /（mg/kg）	11	70	27	30	9

注：此表数据均为表层。

9.5.2 尖峰岭系

土族名称：粗骨壤质硅质混合型高热性－普通铝质常湿淋溶土

拟定者：杨安富　孟龙威　李德成

分布与环境条件　分布于海南西南部山区，海拔 500 ～ 600 m；花岗岩风化物母质，林地；热带海洋性气候，年平均日照时数 2 000 h，气温 22 ～ 23℃，降水量 1 400 ～ 1 600 mm。

土系特征与变幅　成土过程包括腐殖质积累、黏化和富铝化，诊断层包括黏化层，诊断特性包括高热性土壤温度状况、常湿润土壤水分状况和铝质现象。土体厚度 1 m 以下，淡薄表层厚 15 ～ 20 cm，在其之下为黏化层，厚约 60 cm，通体砾石含量为 10% ～ 50%，质地构型为砂质壤土 - 砂质黏壤土，黏粒含量为 170 ～ 350 g/kg，砂粒含量为 550 ～ 700 g/kg，pH 为 4.8 ～ 5.3。

典型景观

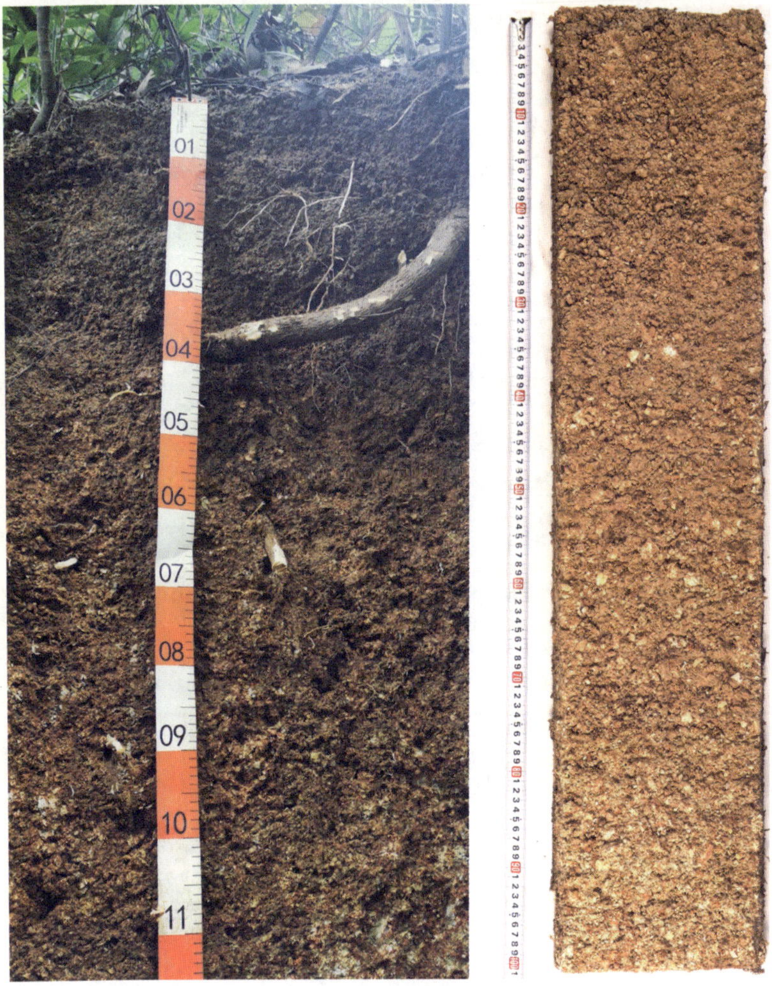

代表性单个土体剖面和整段土壤标本

代表性单个土体 位于乐东县尖峰岭，18.700011° N，108.848677° E，海拔537 m，低山坡地中下部，次生林。50 cm 深土壤温度为 26.8℃。野外调查时间为2020 年 11 月 20 日，编号为 46-2020-002。

Ah：0 ～ 18 cm，浊黄橙色（10YR 6/4，干），浊黄棕色（10YR 5/3，润），10% 岩石碎屑，砂质壤土，团粒结构，松散，向下层清晰平滑过渡。

ABt：18 ～ 42 cm，浊黄橙色（10YR 6/4，干），浊黄棕色（10YR 5/3，润），20% 岩石碎屑，砂质黏壤土，小块状结构，松散 - 稍紧实，可见少量铁锰斑纹，向下层渐变波状过渡。

Bt：42 ～ 80 cm，亮黄棕色（10YR 7/6，干），浊黄橙色（5YR 6/4，润），

40% 岩石碎屑，砂质黏壤土，小块状结构，稍紧实，可见中量铁锰斑纹，向下层渐变波状过渡。

BC：80 ～ 130 cm，亮黄棕色（10YR 7/6，干），浊黄橙色（5YR 6/4，润），50% 岩石碎屑，砂质黏壤土，中块状结构，紧实，可见大量铁锰斑纹。

对比土系 乐光系、吊罗山系、毛弄系、黄牛岭系和中平系，同一亚类不同土族，乐光系为粗骨砂质，吊罗山系和毛弄系为砂质，黄牛岭系为黏质，中平系为黏壤质。

生产性能综述 土体较薄，砾石较多，表层质地适中，耕性和通透性较好，酸性较强，磷素略缺，其他养分含量总体较高。应增施磷肥，保护现有植被，防止水土流失。

中国土壤分类 山地黄壤

美国系统分类 Palehumults

世界土壤资源参比基础 Skeletic Xanthic Alisols（Loamic, Ochric, Hyperalic）

代表性单个土体土壤物理性质

土层	深度 / cm	砾石 /（*V*/ %）	细土颗粒组成 /（g/kg）			质地	容重 /（g/cm³）
			砂粒	粉粒	黏粒		
Ah	0 ～ 18	10	659	166	175	砂质壤土	1
ABt	18 ～ 42	20	614	130	256	砂质黏壤土	1.2
Bt	42 ～ 80	40	570	88	342	砂质黏壤土	1.1
BC	80 ～ 130	50	687	60	253	砂质黏壤土	—

注：砾石：＞2 mm 石块；砂粒：0.05 ～ 2 mm；粉粒：0.002 ～ 0.05 mm；黏粒：＜0.002 mm。

代表性单个土体土壤化学性质

深度 / cm	pH	有机质 /（g/kg）	全氮 /（g/kg）	碱解氮 /（mg/kg）	速效磷 /（mg/kg）	速效钾 /（mg/kg）	CEC/（cmol/kg）	游离铁 /（g/kg）
0 ～ 18	4.8	27.80	0.17	137	18.5	357	12.1	25.96
18 ～ 42	5.2	16.50	0.12	126	18.0	416	13.4	19.90
42 ～ 80	5.1	10.90	0.08	68	17.6	350	25.3	30.66
80 ～ 130	5.3	6.15	0.05	45	17.6	333	9.2	16.60

代表性单个土体环境质量等级

深度 /cm	铬	镍	铜	锌	镉	铅	汞	砷
0 ～ 18	Ⅰ类	Ⅰ类	Ⅰ类	Ⅰ类	Ⅰ类	Ⅰ类	Ⅰ类	Ⅰ类
18 ～ 42	Ⅰ类	Ⅰ类	Ⅰ类	Ⅰ类	Ⅰ类	Ⅰ类	Ⅰ类	Ⅰ类
42 ～ 80	Ⅰ类	Ⅰ类	Ⅰ类	Ⅰ类	Ⅰ类	Ⅰ类	Ⅰ类	Ⅰ类
80 ～ 130	Ⅰ类	Ⅰ类	Ⅰ类	Ⅰ类	Ⅰ类	Ⅰ类	Ⅰ类	Ⅰ类

环境质量背景值

指标	最小值	最大值	均值	中位数	标准偏差
pH	4.8	7.2	5.6	5.4	0.8
有机质 /%	0.93	3.33	1.77	1.34	0.83
砷 /（mg/kg）	1.2	4.4	2.0	1.5	1.1
镉 /（mg/kg）	0.06	0.14	0.10	0.10	0.03
铬 /（mg/kg）	0	15	6	2	7
铜 /（mg/kg）	3.7	21.3	6.3	5.2	3.0
汞 /（mg/kg）	0.019	0.300	0.085	0.059	0.097
镍 /（mg/kg）	1.4	7.8	3.1	1.9	2.4
铅 /（mg/kg）	42	193	89	69	54
锌 /（mg/kg）	43	92	65	59	16

注：此表数据均为表层。

9.5.3 吊罗山系

土族名称：砂质硅质混合型高热性－普通铝质常湿淋溶土

拟定者：吴晓晨　李德成　孟龙威

分布与环境条件　分布于海南东南部山地，海拔 900 ～ 1 000 m；花岗岩风化物母质，林地；热带海洋性气候，年平均日照时数 2 100 h，气温 23 ～ 24℃，降水量 1 800 ～ 1 900 mm。

土系特征与变幅　成土过程包括腐殖质积累、黏化和富铝化，诊断层包括淡薄表层和黏化层，诊断特性包括高热性土壤温度状况、常湿润土壤水分状况和铝质现象。土体厚度 1 m 以上，淡薄表层厚 15 ～ 20 cm，在其之下为黏化层，通体砾石含量低于 10%，质地构型为壤质砂土 - 砂质壤土 - 壤土，黏粒含量为 50 ～ 170 g/kg，砂粒含量为 490 ～ 790 g/kg，pH 为 4.3 ～ 5.0。

典型景观

代表性单个土体剖面和整段土壤标本

代表性单个土体 位于陵水县吊罗乡吊罗山，18.725820° N，109.871036° E，海拔 928 m，低山坡地下部，热带雨林，50 cm 深土壤温度为 26.5℃。野外调查时间为 2020 年 11 月 21 日，编号为 46-2020-052。

Ah：0 ～ 18 cm，灰黄棕色（10YR 6/2，干），灰黄棕色（10YR 4/2，润），10% 岩石碎屑，壤质砂土，团粒结构，松散，向下层清晰平滑过渡。

AB：18 ～ 32 cm，浊黄橙色（10YR 7/4，干），浊黄棕色（10YR 5/4，润），10% 岩石碎屑，砂质壤土，小块状结构，稍紧实，可见中量铁锰斑纹，向下层渐变波状过渡。

Btr1：32 ～ 50 cm，黄橙色（10YR 8/6，干），浊黄橙色（10YR 6/4，润），5%

岩石碎屑，壤土，小块状结构，紧实，可见中量铁锰斑纹，向下层渐变波状过渡。

Btr2：50 ~ 130 cm，黄橙色（10YR 8/6，干），浊黄橙色（10YR 6/4，润），5% 岩石碎屑，壤土，中块状结构，紧实，可见中量铁锰斑纹和铁锰结核。

对比土系 毛弄系，同一亚类不同土族，但分布在海拔 100 m 左右的低丘岗地。

生产性能综述 土体深厚，砾石较多，表层偏浅，质地砂，耕性和通透性较好，酸性较强，有机质和氮素含量高，磷钾含量低。应增施磷钾肥，保护现有植被，防止水土流失。

中国土壤分类 山地黄壤

美国系统分类 Palehumults

世界土壤资源参比基础 Xanthic Alisols （Loamic，Hyperdystric，Ochric，Hyperalic）

代表性单个土体土壤物理性质

土层	深度 / cm	砾石 /（V/ %）	细土颗粒组成 /（g/kg）			质地	容重 /（g/cm³）
			砂粒	粉粒	黏粒		
Ah	0 ~ 18	10	777	166	56	壤质砂土	1.3
AB	18 ~ 32	10	781	121	98	砂质壤土	1.5
Btr1	32 ~ 50	5	495	341	164	壤土	1.5
Btr2	50 ~ 130	5	506	343	151	壤土	1.5

注：砾石：> 2 mm 石块；砂粒：0.05 ~ 2 mm；粉粒：0.002 ~ 0.05 mm；黏粒：< 0.002 mm。

代表性单个土体土壤化学性质

深度 / cm	pH	有机质 /（g/kg）	全氮 /（g/kg）	碱解氮 /（mg/kg）	速效磷 /（mg/kg）	速效钾 /（mg/kg）	CEC/（cmol/kg）	游离铁 /（g/kg）
0 ~ 18	4.3	33.60	0.12	120	16.2	88.3	8.7	7.08
18 ~ 32	4.4	20.70	0.08	75	15.7	55.9	7.8	6.76
32 ~ 50	4.7	6.84	0.03	29	15.2	54.3	13.6	17.64
50 ~ 130	5.0	4.26	0.01	22	15.3	48.0	14.0	15.68

代表性单个土体环境质量等级

深度 /cm	铬	镍	铜	锌	镉	铅	汞	砷
0 ～ 18	Ⅰ类	Ⅰ类	Ⅰ类	Ⅰ类	Ⅰ类	Ⅰ类	Ⅰ类	Ⅰ类
18 ～ 32	Ⅰ类	Ⅰ类	Ⅰ类	Ⅰ类	Ⅰ类	Ⅰ类	Ⅰ类	Ⅰ类
32 ～ 50	Ⅰ类	Ⅰ类	Ⅰ类	Ⅰ类	Ⅰ类	Ⅰ类	Ⅰ类	Ⅰ类
50 ～ 130	Ⅰ类	Ⅰ类	Ⅰ类	Ⅰ类	Ⅰ类	Ⅰ类	Ⅰ类	Ⅰ类

环境质量背景值

指标	最小值	最大值	均值	中位数	标准偏差
pH	4.3	5.4	5.0	4.8	0.3
有机质 /%	0.45	3.81	2.59	2.43	1.24
砷 /（mg/kg）	0.3	1.3	0.7	0.6	0.4
镉 /（mg/kg）	0.02	0.16	0.07	0.08	0.05
铬 /（mg/kg）	3	318	52	10	118
铜 /（mg/kg）	2.6	24.8	8.0	5.3	7.7
汞 /（mg/kg）	0.030	0.099	0.057	0.054	0.022
镍 /（mg/kg）	2.1	64.4	12.3	4.2	23.0
铅 /（mg/kg）	14	47	32	34	12
锌 /（mg/kg）	19	142	50	36	42

注：此表数据均为表层。

9.5.4 毛弄系

土族名称：砂质硅质混合型高热性－普通铝质常湿淋溶土

拟定者：吴晓晨　杨安富　孟龙威

分布与环境条件　分布于海南西南部的低丘岗地，海拔 50 ～ 100 m；花岗岩风化物母质，林地；热带海洋性气候，年平均日照时数 2 100 h，气温 23 ～ 24℃，降水量 1 600 ～ 1 700 mm。

土系特征与变幅　成土过程包括腐殖质积累、黏化和富铝化，诊断层包括淡薄表层和黏化层，诊断特性包括高热性土壤温度状况、常湿润土壤水分状况和铝质现象。土体厚度 1 m 以上，淡薄表层厚约 20 cm，在其之下为黏化层，厚约 80 cm，质地构型为砂质壤土 - 砂质黏壤土 - 砂质壤土，黏粒含量为 170 ～ 270 g/kg，砂粒含量为 550 ～ 660 g/kg，pH 为 4.3 ～ 4.5。

典型景观

代表性单个土体剖面和整段土壤标本

代表性单个土体 位于保亭县金江农场一队毛弄村，18.611907° N，109.656448° E，海拔 82 m，丘陵坡地中下部，花岗岩风化坡积物，杂木林。50 cm 深土壤温度为 27.1℃。野外调查时间为 2020 年 12 月 11 日，编号为 46-2020-025。

Ap：0 ～ 20 cm，浊黄橙色（10YR 6/3，干），灰黄棕色（10YR 5/2，润），砂质壤土，团粒结构，松散，向下层清晰平滑过渡。

ABt：20 ～ 40 cm，浊黄橙色（10YR 7/4，干），灰黄棕色（10YR 6/2，润），砂质黏壤土，小块状结构，紧实，向下层渐变波状过渡。

Btr1：40 ～ 70 cm，亮黄棕色（10YR 6/6，干），浊黄棕色（10YR 5/4，润），砂质黏壤土，小块状结构，紧实，可见少量铁锰斑纹，向下层渐变波状过渡。

Btr2：70 ～ 100 cm，亮黄棕色（10YR 6/6，干），浊黄棕色（10YR 5/4，润），砂质黏壤土，中块状结构，紧实，可见少量铁锰斑纹，向下层渐变波状过渡。

Bw：100 ～ 120 cm，浊黄橙色（10YR 7/4，干），灰黄棕色（10YR 6/2，润），砂质壤土，中块状结构，紧实。

对比土系 吊罗山系，同一亚类同一土族，但分布在海拔 500 m 以上的低山丘陵。

生产性能综述 土体深厚，耕层较厚，质地适中，耕性和通透性较好，酸性较强，养分含量总体较低，应增施有机肥和复合肥，保护现有植被，防止水土流失。

中国土壤分类 山地黄壤

美国系统分类 Palehumults

世界土壤资源参比基础 Xanthic Alisol（Loamic,Ochric,Hyperalic）

代表性单个土体土壤物理性质

土层	深度 / cm	砾石 /（V/ %）	细土颗粒组成 /（g/kg）			质地	容重 /（g/cm³）
			砂粒	粉粒	黏粒		
Ap	0 ～ 20	0	659	165	176	砂质壤土	1.3
ABt	20 ～ 40	0	631	109	261	砂质黏壤土	1.5
Btr1	40 ～ 70	0	558	176	266	砂质黏壤土	1.6
Btr2	70 ～ 100	0	577	199	224	砂质黏壤土	1.6
Bw	100 ～ 120	0	584	238	178	砂质壤土	1.6

注：砾石：＞ 2 mm 石块；砂粒：0.05 ～ 2 mm；粉粒：0.002 ～ 0.05 mm；黏粒：＜ 0.002 mm。

代表性单个土体土壤化学性质

深度 / cm	pH	有机质 /（g/kg）	全氮 /（g/kg）	碱解氮 /（mg/kg）	速效磷 /（mg/kg）	速效钾 /（mg/kg）	CEC/（cmol/kg）	游离铁 /（g/kg）
0 ～ 20	4.5	21.30	0.12	108	21.5	82.6	5.0	18.95
20 ～ 40	4.5	8.89	0.05	50	18.0	55.5	13.7	11.24
40 ～ 70	4.4	7.92	0.05	39	15.9	39.1	15.4	12.42
70 ～ 100	4.3	6.19	0.04	30	15.9	29.0	11.4	12.17
100 ～ 120	4.3	4.37	0.02	22	16.2	23.2	6.0	4.31

代表性单个土体环境质量等级

深度 /cm	铬	镍	铜	锌	镉	铅	汞	砷
0 ～ 20	Ⅰ类	Ⅰ类	Ⅰ类	Ⅰ类	Ⅰ类	Ⅰ类	Ⅰ类	Ⅰ类
20 ～ 40	Ⅰ类	Ⅰ类	Ⅰ类	Ⅰ类	Ⅰ类	Ⅰ类	Ⅰ类	Ⅰ类
40 ～ 70	Ⅰ类	Ⅰ类	Ⅰ类	Ⅰ类	Ⅰ类	Ⅰ类	Ⅰ类	Ⅰ类
70 ～ 100	Ⅰ类	Ⅰ类	Ⅰ类	Ⅰ类	Ⅰ类	Ⅰ类	Ⅰ类	Ⅰ类
100 ～ 120	Ⅰ类	Ⅰ类	Ⅰ类	Ⅰ类	Ⅰ类	Ⅰ类	Ⅰ类	Ⅰ类

环境质量背景值

指标	最小值	最大值	均值	中位数	标准偏差
pH	4.5	5.4	5.1	5.1	0.2
有机质 /%	1.72	2.13	1.89	1.88	0.13
砷 /（mg/kg）	0.6	4.5	1.4	0.8	1.4
镉 /（mg/kg）	0.02	0.08	0.05	0.05	0.02
铬 /（mg/kg）	19	41	32	29	6
铜 /（mg/kg）	3.1	6.4	4.5	4.2	1.1
汞 /（mg/kg）	0.032	0.068	0.041	0.036	0.012
镍 /（mg/kg）	6.4	10.6	7.5	7.0	1.0
铅 /（mg/kg）	26	36	28	28	2
锌 /（mg/kg）	28	62	48	48	8

注：此表数据均为表层。

9.5.5 黄牛岭系

土族名称：黏质硅质混合型高热性 - 普通铝质常湿淋溶土

拟定者：李德成　杨安富　孟龙威

分布与环境条件　分布于海南西部的低山丘陵，海拔 600 ～ 700 m；花岗岩风化物母质，林地；热带海洋性气候，年平均日照时数 2 000 h，气温 23 ～ 24℃，降水量 1 500 ～ 1 600 mm。

土系特征与变幅　成土过程包括腐殖质积累、黏化和富铝化，诊断层包括淡薄表层和黏化层，诊断特性包括高热性土壤温度状况、常湿润土壤水分状况和铝质现象。土体厚度 1 m 以上，淡薄表层厚约 10 cm，在其之下为黏化层，通体砾石含量为 10% ～ 40%，质地构型为壤质砂土 - 砂质黏土 - 砂质黏壤土，黏粒含量为 70 ～ 450 g/kg，砂粒含量为 450 ～ 820 g/kg，pH 为 4.8 ～ 5.5。

典型景观

代表性单个土体剖面和整段土壤标本

代表性单个土体　位于昌江县王下乡大炎村黄牛岭，19.053542° N，109.191979° E，海拔 658 m，低山坡地中下部，次生林地。50 cm 深土壤温度为 26.4℃。野外调查时间为 2021 年 1 月 6 日，编号为 46-2020-039。

Ah：0 ～ 10 cm，浊黄棕色（10YR 5/4，干），黑棕色（10YR 3/2，润），10% 岩石碎屑，壤质砂土，团粒结构，松散，向下层清晰平滑过渡。

ABt：10 ～ 30 cm，亮黄棕色（10YR 7/6，干），浊黄橙色（10YR 6/4，润），10% 岩石碎屑，砂质黏土，小块状结构，紧实，向下层渐变波状过渡。

Btr1：30 ～ 60 cm，亮黄棕色（10YR 7/6，干），浊黄橙色（10YR 6/4，润），10% 岩石碎屑，砂质黏土，大块状结构，紧实，可见大量铁锰斑纹，向下层渐变波状过渡。

Btr2：60 ～ 95 cm，亮黄棕色（10YR 7/6，干），浊黄橙色（10YR 6/4，润），20% 岩石碎屑，砂质黏壤土，大块状结构，紧实，可见大量铁锰斑纹，向下层渐变波状过渡。

Btr3：95 ～ 130 cm，亮黄棕色（10YR 7/6，干），浊黄橙色（10YR 6/4，润），40% 岩石碎屑，砂质黏壤土，中块状结构，紧实，可见大量铁锰斑纹。

对比土系 乐光系、尖峰岭系、吊罗山系、毛弄系和中平系，同一亚类不同土族，乐光系为粗骨砂质，尖峰岭系为粗骨壤质，吊罗山系和毛弄系为砂质，中平系为黏壤质。

生产性能综述 土体厚，砾石较多，表层偏薄，质地偏砂，耕性和通透性较好，酸性较强，有机质和氮素含量较高，磷钾缺乏，应增施磷钾肥，保护现有植被，防止水土流失。

中国土壤分类 山地黄壤

美国系统分类 Palehumults

世界土壤资源参比基础 Xanthic Alisol（Loamic, Ochric, Hyperalic）

代表性单个土体土壤物理性质

土层	深度 / cm	砾石 /（V/ %）	细土颗粒组成 /（g/kg）			质地	容重 /（g/cm³）
			砂粒	粉粒	黏粒		
Ah	0 ～ 10	10	810	111	79	壤质砂土	1.4
ABt	10 ～ 30	10	487	81	432	砂质黏土	1.2
Btr1	30 ～ 60	10	454	101	445	砂质黏土	1.2
Btr2	60 ～ 95	20	559	103	338	砂质黏壤土	1.5
Btr3	95 ～ 130	40	585	131	285	砂质黏壤土	1.4

注：砾石：＞ 2 mm 石块；砂粒：0.05 ～ 2 mm；粉粒：0.002 ～ 0.05 mm；黏粒：＜ 0.002 mm。

代表性单个土体土壤化学性质

深度 / cm	pH	有机质 / (g/kg)	全氮 / (g/kg)	碱解氮 / (mg/kg)	速效磷 / (mg/kg)	速效钾 / (mg/kg)	CEC/ (cmol/kg)	游离铁 / (g/kg)
0 ～ 10	4.8	30.70	0.07	52	17.1	79.6	3.9	2.98
10 ～ 30	5.1	7.56	0.02	26	15.3	113	13.1	13.78
30 ～ 60	5.2	5.59	0.02	29	15.2	126	14.1	14.58
60 ～ 95	5.4	2.02	0.01	14	15.2	121	9.5	11.80
95 ～ 130	5.5	2.78	0.01	16	15.2	98.8	15.4	26.80

代表性单个土体环境质量等级

深度 /cm	铬	镍	铜	锌	镉	铅	汞	砷
0 ～ 10	Ⅰ类	Ⅰ类	Ⅰ类	Ⅰ类	Ⅰ类	Ⅰ类	Ⅰ类	Ⅰ类
10 ～ 30	Ⅰ类	Ⅰ类	Ⅰ类	Ⅰ类	Ⅰ类	Ⅰ类	Ⅰ类	Ⅰ类
30 ～ 60	Ⅰ类	Ⅰ类	Ⅰ类	Ⅰ类	Ⅰ类	Ⅰ类	Ⅰ类	Ⅰ类
60 ～ 95	Ⅰ类	Ⅰ类	Ⅰ类	Ⅰ类	Ⅰ类	Ⅰ类	Ⅰ类	Ⅰ类
95 ～ 130	Ⅰ类	Ⅰ类	Ⅰ类	Ⅰ类	Ⅰ类	Ⅰ类	Ⅰ类	Ⅰ类

环境质量背景值

指标	最小值	最大值	均值	中位数	标准偏差
pH	4.6	6.1	5.4	5.2	0.6
有机质 /%	1.62	5.41	2.83	2.64	1.26
砷 / (mg/kg)	0.8	8.5	2.4	1.2	2.8
镉 / (mg/kg)	0.03	0.13	0.07	0.06	0.03
铬 / (mg/kg)	3	37	15	10	12
铜 / (mg/kg)	1.8	10.7	5.5	4.3	3.0
汞 / (mg/kg)	0.020	0.065	0.037	0.030	0.016
镍 / (mg/kg)	1.2	8.1	3.7	2.8	2.4
铅 / (mg/kg)	15	44	28	26	9
锌 / (mg/kg)	10	40	31	37	11

注：此表数据均为表层。

9.5.6 中平系

土族名称：黏壤质硅质混合型高热性－普通铝质常湿淋溶土

拟定者：吴晓晨　杨安富　孟龙威

分布与环境条件　分布于海南西南部的低丘岗地，海拔 50 ～ 100 m；花岗岩风化物母质，林地；热带海洋性气候，年平均日照时数 1 900 h，气温 21 ～ 22℃，降水量 1 900 ～ 2 000 mm。

土系特征与变幅　成土过程包括腐殖质积累、黏化和富铝化，诊断层包括淡薄表层和黏化层，诊断特性包括高热性土壤温度状况、常湿润土壤水分状况和铝质现象。土体厚度 1 m 以下，淡薄表层厚约 10 cm，黏化层上界约 30 cm，厚约 20 cm，通体砾石含量为 10% ～ 30%，质地构型为壤土 - 黏壤土，黏粒含量为 200 ～ 300 g/kg，砂粒含量为 310 ～ 360 g/kg，pH 为 4.4 ～ 4.6。

典型景观

代表性单个土体剖面和整段土壤标本

代表性单个土体 位于琼中县中平镇双万村，19.115641° N，110.062236° E，海拔 83 m，丘陵中下部，花岗岩风化坡积物，次生林地。50 cm 深土壤温度为 26.8℃。野外调查时间为 2020 年 12 月 28 日，编号为 46-2020-031。

Ah：0 ～ 10 cm，亮红棕色（5YR 5/8，干），红棕色（5YR 4/6，润），10% 岩石碎屑，壤土，团粒结构，松散，向下层清晰平滑过渡。

AB：10 ～ 30 cm，亮红棕色（5YR 5/8，干），红棕色（5YR 4/6，润），10% 岩石碎屑，壤土，小块状结构，稍紧实，向下层渐变波状过渡。

Bt：30 ～ 50 cm，亮红棕色（5YR 5/8，干），红棕色（5YR 4/6，润），30% 岩石碎屑，黏壤土，小块状结构，稍紧实，向下层渐变波状过渡。

C：50 ～ 100 cm，无结构，母质岩石。

对比土系 乐光系、尖峰岭系、吊罗山系、毛弄系和黄牛岭系，同一亚类不同土族，乐光系为粗骨砂质，尖峰岭系为粗骨壤质，吊罗山系和毛弄系为砂质，黄牛岭系为黏质。

生产性能综述 土体较薄，砾石较多，表层偏薄，质地适中，耕性和通透性较好，酸性较强，磷素略缺，其他养分含量较高，应增施钾肥，保护现有植被，防止水土流失。

中国土壤分类 山地黄壤

美国系统分类 Palehumults

世界土壤资源参比基础 Xanthic Alisol（Loamic, Ochric, Hyperalic）

代表性单个土体土壤物理性质

土层	深度 / cm	砾石 /（*V*/ %）	细土颗粒组成 /（g/kg）			质地	容重 /（g/cm³）
			砂粒	粉粒	黏粒		
Ah	0 ～ 10	10	314	481	205	壤土	1.2
AB	10 ～ 30	10	352	381	266	壤土	1.1
Bt	30 ～ 50	30	317	390	293	黏壤土	1.3

注：砾石：＞ 2 mm 石块；砂粒：0.05 ～ 2 mm；粉粒：0.002 ～ 0.05 mm；黏粒：＜ 0.002 mm。

代表性单个土体土壤化学性质

深度 / cm	pH	有机质 /（g/kg）	全氮 /（g/kg）	碱解氮 /（mg/kg）	速效磷 /（mg/kg）	速效钾 /（mg/kg）	CEC/（cmol/kg）	游离铁 /（g/kg）
0 ～ 10	4.4	35.50	0.20	174	16.6	221	13.1	26.54
10 ～ 30	4.4	23.90	0.13	136	15.8	54.7	12.2	15.76
30 ～ 50	4.6	17.10	0.09	76	15.5	41.4	16.3	18.72

代表性单个土体环境质量等级

深度 /cm	铬	镍	铜	锌	镉	铅	汞	砷
0 ～ 10	Ⅰ类	Ⅰ类	Ⅱ类	Ⅰ类	Ⅰ类	Ⅰ类	Ⅰ类	Ⅱ类
10 ～ 30	Ⅰ类	Ⅰ类	Ⅱ类	Ⅰ类	Ⅰ类	Ⅰ类	Ⅰ类	Ⅱ类
30 ～ 50	Ⅱ类	Ⅱ类	Ⅱ类	Ⅰ类	Ⅰ类	Ⅰ类	Ⅰ类	Ⅱ类

环境质量背景值

指标	最小值	最大值	均值	中位数	标准偏差
pH	4.4	6.3	5.0	4.8	0.5
有机质 /%	1.34	3.55	1.88	1.93	0.42
砷 /（mg/kg）	0.9	103.0	4.2	2.6	5.3
镉 /（mg/kg）	0.04	0.23	0.10	0.09	0.06
铬 /（mg/kg）	7	114	26	23	14
铜 /（mg/kg）	1.4	58.9	9.1	7.9	7.4
汞 /（mg/kg）	0.017	0.093	0.043	0.035	0.024
镍 /（mg/kg）	2.5	53.6	7.7	5.9	5.2
铅 /（mg/kg）	3	48	29	31	12
锌 /（mg/kg）	13	103	55	57	28

注：此表数据均为表层。

9.6 铝质简育常湿淋溶土

毛阳系

土族名称：粗骨黏质硅质混合型高热性－铝质简育常湿淋溶土

拟定者：吴晓晨 杨安富 孟龙威

分布与环境条件 分布于海南中部低山丘陵，海拔 300 ～ 400 m；花岗岩风化物母质，林地；热带海洋性气候，年平均日照时数 1 900 h，气温 22 ～ 24℃，降水量 1 700 ～ 1 800 mm。

土系特征与变幅 成土过程包括腐殖质积累、黏化和富铝化，诊断层包括黏化层，诊断特性包括高热性土壤温度状况、常湿润土壤水分状况和铝质现象。土体厚度 1 m 以上，淡薄表层厚 10 ～ 20 cm，在其之下为黏化层，厚约 80 cm，通体砾石含量为 10% ～ 70%，质地构型为砂质壤土 - 砂质黏壤土 - 砂质黏土 - 砂质黏壤土，黏粒含量为 190 ～ 410 g/kg，砂粒含量为 490 ～ 690 g/kg，pH 为 4.8 ～ 5.5。

典型景观

代表性单个土体剖面和整段土壤标本

代表性单个土体 位于五指山市毛阳镇，18.922910° N，109.473525° E，海拔 329 m，低丘坡地中下部，花岗岩风化残积 - 坡积物，橡胶林。50 cm 深土壤温度为 26.7℃。野外调查时间为 2020 年 12 月 30 日，编号为 46-2020-028。

Ah：0 ～ 15 cm，浊棕色（7.5YR 5/4，干），棕色（7.5YR 4/3，润），10% 岩石碎屑，砂质壤土，小块状结构，松散，向下层清晰平滑过渡。

ABt：15 ～ 35 cm，亮棕色（7.5YR 5/6，干），棕色（7.5YR 4/3，润），20% 岩石碎屑，砂质黏壤土，小块状结构，紧实，向下层渐变波状过渡。

Bt1：35 ～ 62 cm，橙色（7.5YR 7/6，干），浊棕色（7.5YR 5/4，润），30% 岩石碎屑，砂质黏土，中块状结构，紧实，向下层渐变波状过渡。

Bt2：62 ～ 95 cm，橙色（7.5YR 7/6，干），浊棕色（7.5YR 5/4，润），40% 岩石碎屑，砂质黏土，中块状结构，紧实，土体中含有少量的铁锰结核，向下层渐变波状过渡。

C：95 ～ 130 cm，橙色（7.5YR 7/6，干），浊棕色（7.5YR 5/4，润），70% 岩石碎屑，砂质黏壤土，中块状结构，紧实，土体中有少量的铁锰结核。

对比土系 五指山系，地理位置相近，同一亚纲不同土类，有铝质特性，为铝质常湿淋溶土。

生产性能综述 土体厚，表层偏薄，质地偏砂，耕性和通透性较好，酸性较强，磷素缺乏，其他养分含量中等，应增施有机肥和复合肥，保护现有植被，防止水土流失。

中国土壤分类 山地黄壤

美国系统分类 Palehumults

世界土壤资源参比基础 Xanthic Alisols（Loamic, Ochric, Hyperalic）

代表性单个土体土壤物理性质

土层	深度 / cm	砾石 / （V/ %）	细土颗粒组成 / （g/kg）			质地	容重 / （g/cm³）
			砂粒	粉粒	黏粒		
Ah	0 ～ 15	10	689	119	192	砂质壤土	1.1
ABt	15 ～ 35	20	530	121	348	砂质黏壤土	1.3
Bt1	35 ～ 62	30	501	97	402	砂质黏土	1.4
Bt2	62 ～ 95	40	495	106	399	砂质黏土	1.4
C	95 ～ 130	70	572	126	302	砂质黏壤土	1.5

注：砾石：> 2 mm 石块；砂粒：0.05 ～ 2 mm；粉粒：0.002 ～ 0.05 mm；黏粒：< 0.002 mm。

代表性单个土体土壤化学性质

深度 / cm	pH	有机质 / （g/kg）	全氮 / （g/kg）	碱解氮 / （mg/kg）	速效磷 / （mg/kg）	速效钾 / （mg/kg）	CEC/ （cmol/kg）	游离铁 / （g/kg）
0 ～ 15	5.1	28.80	0.15	116	17.9	221	5.6	22.12
15 ～ 35	4.8	16.70	0.12	85	15.8	100	9.1	32.39
35 ～ 62	5.0	12.10	0.109	61	15.6	80.4	24.6	37.14
62 ～ 95	5.4	9.32	0.08	53	15.4	77.1	24.3	32.15
95 ～ 130	5.5	7.82	0.07	58	15.5	79.3	9.0	33.99

代表性单个土体环境质量等级

深度 /cm	铬	镍	铜	锌	镉	铅	汞	砷
0 ～ 15	Ⅰ类	Ⅰ类	Ⅰ类	Ⅰ类	Ⅰ类	Ⅰ类	Ⅰ类	Ⅰ类
15 ～ 35	Ⅰ类	Ⅰ类	Ⅰ类	Ⅰ类	Ⅰ类	Ⅰ类	Ⅰ类	Ⅰ类
35 ～ 62	Ⅰ类	Ⅰ类	Ⅰ类	Ⅰ类	Ⅰ类	Ⅰ类	Ⅰ类	Ⅰ类
62 ～ 95	Ⅰ类	Ⅰ类	Ⅰ类	Ⅰ类	Ⅰ类	Ⅰ类	Ⅰ类	Ⅰ类
95 ～ 130	Ⅰ类	Ⅰ类	Ⅰ类	Ⅰ类	Ⅰ类	Ⅰ类	Ⅰ类	Ⅰ类

环境质量背景值

指标	最小值	最大值	均值	中位数	标准偏差
pH	4.8	6.6	5.8	5.8	0.6
有机质 /%	0.93	3.87	1.81	1.38	0.99
砷 /（mg/kg）	0.4	6.1	1.6	0.7	1.9
镉 /（mg/kg）	0.01	0.18	0.08	0.08	0.05
铬 /（mg/kg）	4	84	30	23	27
铜 /（mg/kg）	1.7	13.5	6.1	5.7	3.9
汞 /（mg/kg）	0.012	0.078	0.030	0.027	0.015
镍 /（mg/kg）	1.7	19.9	8.3	6.0	6.6
铅 /（mg/kg）	22	67	40	39	14
锌 /（mg/kg）	36	114	66	64	23

注：此表数据均为表层。

9.7 黄色铝质湿润淋溶土

9.7.1 福万系

土族名称：粗骨砂质硅质混合型高热性－黄色铝质湿润淋溶土
拟定者：吴晓晨　杨安富　孟龙威

分布与环境条件　分布于海南南部低丘岗地，海拔 50 ～ 100 m；花岗岩风化物母质，林地；热带海洋性气候，年平均日照时数 2 300 h，气温 24 ～ 25℃，降水量 1 900 ～ 2 000 mm。

土系特征与变幅　成土过程包括腐殖质积累、黏化、黄化和富铝化，诊断层包括淡薄表层和黏化层，诊断特性包括高热性土壤温度状况、湿润土壤水分状况和铝质现象。土体厚度 1 m 以上，淡薄表层厚约 20 cm，在其之下为黏化层，通体砾石含量为 5% ～ 50%，质地构型为砂质壤土 - 砂质黏壤土 - 砂质黏土，砂粒含量为 450 ～ 780 g/kg，黏粒含量为 70 ～ 470 g/kg，pH 为 4.7 ～ 5.0。

典型景观

代表性单个土体剖面和整段土壤标本

代表性单个土体　位于三亚市福万水库，18.382350° N，109.479280° E，海拔 94 m，低丘坡地中下部，花岗岩风化坡积物，橡胶林。50 cm 深土壤温度为 27.3℃。野外调查时间为 2020 年 12 月 7 日，编号为 46-2020-013。

Ah：0 ～ 20 cm，浊黄橙色（10YR 6/3，干），灰黄棕色（10YR 4/2，润），5% 岩石碎屑，砂质壤土，团粒结构，松散，向下层清晰平滑过渡。

AB：20 ～ 35 cm，浊黄橙色（10YR 6/4，干），浊黄棕色（10YR 5/3，润），20% 岩石碎屑，砂质黏壤土，小块状结构，稍紧实，向下层渐变波状过渡。

Bt1：35 ～ 60 cm，亮黄棕色（10YR 6/6，干），浊黄棕色（10YR 5/4，润），40% 岩石碎屑，砂质黏壤土，小块状结构，紧实，向下层渐变波状过渡。

Bt2：60 ～ 85 cm，亮黄棕色（10YR 6/6，干），浊黄棕色（10YR 5/4，润），50% 岩石碎屑，砂质黏土，中块状结构，很紧实，向下层渐变波状过渡。

C：85 ～ 120 cm，亮黄棕色（10YR 6/6，干），浊黄棕色（10YR 5/4，润），70% 岩石碎屑，砂质黏土，大块状结构，很紧实。

对比土系 南丰系和田公系，同一土族，但质地构型砂质壤土 - 砂质黏壤土。

生产性能综述 土体厚，砾石较多，表层较厚，质地偏砂，耕性和通透性较好，酸性较强，钾素缺乏，其他养分含量中等，应增施有机肥和复合肥，保护现有植被，防止水土流失。

中国土壤分类 山地黄壤

美国系统分类 Palehumults

世界土壤资源参比基础 Skeletic Xanthic Alisols（Loamic, Ochric, Hyperalic）

代表性单个土体土壤物理性质

土层	深度 / cm	砾石 /（*V*/ %）	细土颗粒组成 /（g/kg）			质地	容重 /（g/cm³）
			砂粒	粉粒	黏粒		
Ah	0 ～ 20	5	777	153	70	砂质壤土	1.2
AB	20 ～ 35	20	647	139	214	砂质黏壤土	1.1
Bt1	35 ～ 60	40	521	134	345	砂质黏壤土	—
Bt2	60 ～ 85	50	469	124	408	砂质黏土	—
C	85 ～ 120	70	463	76	461	砂质黏土	—

注：砾石：＞ 2 mm 石块；砂粒：0.05 ～ 2 mm；粉粒：0.002 ～ 0.05 mm；黏粒：＜ 0.002 mm。

代表性单个土体土壤化学性质

深度 / cm	pH	有机质 /（g/kg）	全氮 /（g/kg）	碱解氮 /（mg/kg）	速效磷 /（mg/kg）	速效钾 /（mg/kg）	CEC/（cmol/kg）	游离铁 /（g/kg）
0 ～ 20	4.8	24.07	0.16	145	18.5	123	13.3	5.35
20 ～ 35	4.7	22.40	0.11	80	16.1	69.3	12.2	11.35
35 ～ 60	5.0	9.38	0.08	59	15.7	99.4	23.7	16.90
60 ～ 85	5.0	6.82	0.06	38	15.5	131	14.4	21.03
85 ～ 120	4.9	8.09	0.06	29	15.4	139	9.7	27.09

代表性单个土体环境质量等级

深度 /cm	铬	镍	铜	锌	镉	铅	汞	砷
0～20	Ⅰ类	Ⅰ类	Ⅰ类	Ⅰ类	Ⅰ类	Ⅰ类	Ⅰ类	Ⅰ类
20～35	Ⅰ类	Ⅰ类	Ⅰ类	Ⅰ类	Ⅰ类	Ⅰ类	Ⅰ类	Ⅰ类
35～60	Ⅰ类	Ⅰ类	Ⅰ类	Ⅰ类	Ⅰ类	Ⅰ类	Ⅰ类	Ⅰ类
60～85	Ⅰ类	Ⅰ类	Ⅰ类	Ⅰ类	Ⅰ类	Ⅰ类	Ⅰ类	Ⅰ类
85～120	Ⅰ类	Ⅰ类	Ⅰ类	Ⅰ类	Ⅰ类	Ⅰ类	Ⅰ类	Ⅰ类

环境质量背景值

指标	最小值	最大值	均值	中位数	标准偏差
pH	4.6	6.5	5.6	5.6	0.5
有机质 /%	0.39	3.03	1.67	1.10	1.00
砷 /（mg/kg）	0.8	2.2	1.4	1.5	0.6
镉 /（mg/kg）	0.04	0.17	0.09	0.06	0.05
铬 /（mg/kg）	3	53	8	9	3
铜 /（mg/kg）	2.7	6.9	5.0	5.1	1.2
汞 /（mg/kg）	0.016	0.153	0.051	0.033	0.047
镍 /（mg/kg）	1.2	6.3	3.3	3.5	1.4
铅 /（mg/kg）	17	43	27	28	10
锌 /（mg/kg）	25	108	44	30	30

注：此表数据均为表层。

9.7.2 南丰系

土族名称：粗骨砂质硅质混合型高热性－黄色铝质湿润淋溶土

拟定者：吴晓晨　杨安富　孟龙威

分布与环境条件　分布于海南西部低丘岗地，海拔 200 ～ 300 m；花岗岩风化物母质，林地；热带海洋性气候，年平均日照时数 2 000 h，气温 22 ～ 23℃，降水量 1 900 ～ 2 000 mm。

土系特征与变幅　成土过程包括腐殖质积累、黏化、黄化和富铝化，诊断层包括黏化层，诊断特性包括高热性土壤温度状况、土壤水分状况和铝质现象。土体厚度 1 m 以上，淡薄表层厚 10 ～ 20 cm，在其之下为黏化层，通体砾石含量为 30% ～ 40%，质地构型为砂质壤土 - 砂质黏壤土，砂粒含量为 630 ～ 740 g/kg，黏粒含量为 150 ～ 260 g/kg，pH 为 4.5 ～ 4.9。

典型景观

代表性单个土体剖面和整段土壤标本

代表性单个土体 位于儋州市南丰镇马岭排村，19.397766° N，109.578375° E，海拔 223 m，低丘坡地下部，花岗岩风化坡积物，橡胶林。50 cm 深土壤温度为 26.5℃。野外调查时间为 2020 年 10 月 24 日，编号为 46-2020-022。

Ap：0 ～ 13 cm，浊黄橙色（10YR 7/4，干），灰黄棕色（10YR 5/2，润），30% 岩石碎屑，砂质壤土，团粒结构，松散，向下层渐变波状过渡。

ABt：13 ～ 30 cm，亮黄棕色（10YR 7/6，干），浊黄棕色（10YR 5/4，润），40% 岩石碎屑，砂质壤土，小块状结构，稍紧实，向下层渐变波状过渡。

Bt1：30 ～ 60 cm，亮黄棕色（10YR 7/6，干），浊黄棕色（10YR 5/4，润），40% 岩石碎屑，砂质黏壤土，小块状结构，紧实，向下层渐变波状过渡。

Bt2：60 ～ 120 cm，亮黄棕色（10YR 7/6，干），浊黄棕色（10YR 5/4，润），40% 岩石碎屑，砂质黏壤土，小块状结构，紧实。

对比土系 福万系和田公系，同一土族，但福万系质地构型为砂质壤土 - 砂质黏壤土 - 砂质黏土，田公系土体里有铁锰胶膜和结核。

生产性能综述 土体厚，砾石较多，表层偏薄，质地偏砂，耕性和通透性较好，酸性较强，养分含量总体中等，应适度深耕，增施有机肥和复合肥，保护现有植被，防止水土流失。

中国土壤分类 山地黄壤

美国系统分类 Palehumults

世界土壤资源参比基础 Xanthic Alisols（Loamic, Ochric, Hyperalic）

代表性单个土体土壤物理性质

土层	深度 / cm	砾石 /（V/ %）	细土颗粒组成 /（g/kg）			质地	容重 /（g/cm³）
			砂粒	粉粒	黏粒		
Ap	0 ～ 13	30	733	116	151	砂质壤土	—
ABt	13 ～ 30	40	732	88	180	砂质壤土	—
Bt1	30 ～ 60	40	631	112	256	砂质黏壤土	—
Bt2	60 ～ 120	40	659	95	245	砂质黏壤土	—

注：砾石：＞ 2 mm 石块；砂粒：0.05 ～ 2 mm；粉粒：0.002 ～ 0.05 mm；黏粒：＜ 0.002 mm。

代表性单个土体土壤化学性质

深度 / cm	pH	有机质 /（g/kg）	全氮 /（g/kg）	碱解氮 /（mg/kg）	速效磷 /（mg/kg）	速效钾 /（mg/kg）	CEC/（cmol/kg）	游离铁 /（g/kg）
0 ～ 13	4.8	20.30	0.12	108	20.4	115	5.1	7.77
13 ～ 30	4.5	13.10	0.08	69	18.6	57.1	8.9	10.43
30 ～ 60	4.8	7.25	0.06	58	17.9	63.1	9.8	11.71
60 ～ 120	4.9	5.09	0.05	43	18.1	70.4	14.1	11.92

代表性单个土体环境质量等级

深度 /cm	铬	镍	铜	锌	镉	铅	汞	砷
0 ～ 13	Ⅰ类	Ⅰ类	Ⅰ类	Ⅰ类	Ⅰ类	Ⅰ类	Ⅰ类	Ⅰ类
13 ～ 30	Ⅰ类	Ⅰ类	Ⅰ类	Ⅰ类	Ⅰ类	Ⅰ类	Ⅰ类	Ⅰ类
30 ～ 60	Ⅰ类	Ⅰ类	Ⅰ类	Ⅰ类	Ⅰ类	Ⅰ类	Ⅰ类	Ⅱ类
60 ～ 120	Ⅰ类	Ⅰ类	Ⅰ类	Ⅰ类	Ⅰ类	Ⅰ类	Ⅰ类	Ⅱ类

环境质量背景值

指标	最小值	最大值	均值	中位数	标准偏差
pH	4.7	5.2	5.0	5.0	0.2
有机质 /%	1.64	3.31	2.43	2.44	0.59
砷 /（mg/kg）	1.2	42.0	12.9	7.3	14.8
镉 /（mg/kg）	0.04	0.15	0.08	0.08	0.04
铬 /（mg/kg）	9	60	37	34	19
铜 /（mg/kg）	3.8	30.1	18.6	20.3	8.8
汞 /（mg/kg）	0.031	0.070	0.036	0.038	0.004
镍 /（mg/kg）	3.0	23.8	14.2	14.1	7.2
铅 /（mg/kg）	20	39	26	27	4
锌 /（mg/kg）	21	68	46	48	16

注：此表数据均为表层。

9.7.3 田公系

土族名称：粗骨砂质硅质混合型高热性－黄色铝质湿润淋溶土

拟定者：吴晓晨　杨安富　孟龙威

分布与环境条件　分布于海南东部低丘岗地，海拔低于 100 m；花岗岩风化物母质，林地；热带海洋性气候，年平均日照时数 2 000 h，气温 23 ～ 24℃，降水量 2 000 ～ 2 100 mm。

土系特征与变幅　成土过程包括腐殖质积累、黏化、黄化和富铝化，诊断层包括黏化层，诊断特性包括高热性土壤温度状况、湿润土壤水分状况和铝质现象。土体厚度 1 m 以上，淡薄表层厚 10 ～ 15 cm，在其之下为黏化层，通体砾石含量为 20% ～ 40%，质地构型为砂质壤土 - 砂质黏壤土，砂粒含量为 540 ～ 670 g/kg，黏粒含量为 140 ～ 330 g/kg，pH 为 4.4 ～ 4.7。

典型景观

代表性单个土体剖面和整段土壤标本

代表性单个土体 位于万宁市南桥镇田公村，18.675451° N，110.146800° E，海拔 50 m，岗地坡地下部，花岗岩风化坡积物，次生林。50 cm 深土壤温度为 27.1℃。野外调查时间为 2020 年 12 月 13 日，编号为 46-2020-009。

Ah：0 ～ 13 cm，浊黄橙色（10YR 6/4，干），浊黄棕色（10YR 5/3，润），20% 岩石碎屑，砂质壤土，团粒结构，松散，向下层清晰波状过渡。

ABt：13 ～ 25 cm，亮黄棕色（7.5YR 7/6，干），浊黄棕色（7.5YR 5/4，润），20% 岩石碎屑，砂质黏壤土，团粒 - 小块状结构，松散 - 稍紧实，向下层渐变波状过渡。

Bt1：25 ～ 53 cm，亮黄棕色（7.5YR 7/6，干），浊黄棕色（7.5YR 5/4，润），30% 岩石碎屑，砂质黏壤土，小块状结构，紧实，土体中有中量铁锰胶膜和中量铁锰结核，向下层渐变波状过渡。

Bt2：53 ～ 120 cm，亮黄棕色（7.5YR 7/6，干），浊黄棕色（7.5YR 5/4，润），40% 岩石碎屑，砂质黏壤土，小块状结构，紧实，土体中有中量铁锰胶膜和中量铁锰结核。

对比土系 福万系和南丰系，同一土族，但福万系质地构型为砂质壤土 - 砂质黏壤土 - 砂质黏土，南丰系土体里无铁锰胶膜和斑纹。

生产性能综述 土体厚，砾石较多，表层偏薄，质地偏砂，耕性和通透性较好，酸性较强，有机质和氮素含量较高，磷钾缺乏，应增施磷钾肥，保护现有植被，防止水土流失。

中国土壤分类 山地黄壤

美国系统分类 Palehumults

世界土壤资源参比基础 Xanthic Alisols（Loamic, Ochric, Hyperalic）

代表性单个土体土壤物理性质

土层	深度 / cm	砾石 /（V/ %）	细土颗粒组成 /（g/kg）			质地	容重 /（g/cm³）
			砂粒	粉粒	黏粒		
Ah	0 ～ 13	20	668	188	144	砂质壤土	1.5
ABt	13 ～ 25	20	618	105	277	砂质黏壤土	1.4
Bt1	25 ～ 53	30	542	128	330	砂质黏壤土	1.5
Bt2	53 ～ 120	40	570	125	305	砂质黏壤土	1.5

注：砾石：＞ 2 mm 石块；砂粒：0.05 ～ 2 mm；粉粒：0.002 ～ 0.05 mm；黏粒：＜ 0.002 mm。

代表性单个土体土壤化学性质

深度 / cm	pH	有机质 /（g/kg）	全氮 /（g/kg）	碱解氮 /（mg/kg）	速效磷 /（mg/kg）	速效钾 /（mg/kg）	CEC/（cmol/kg）	游离铁 /（g/kg）
0 ～ 13	4.5	28.70	0.15	122	19.3	83.5	4.9	17.46
13 ～ 25	4.7	13.30	0.08	65	15.6	116	6.8	22.45
25 ～ 53	4.6	8.10	0.06	37	15.4	110	17.4	25.62
53 ～ 120	4.6	8.30	0.06	38	15.4	93.2	18.3	30.80

代表性单个土体环境质量等级

深度 /cm	铬	镍	铜	锌	镉	铅	汞	砷
0 ～ 13	Ⅰ类	Ⅰ类	Ⅰ类	Ⅰ类	Ⅰ类	Ⅰ类	Ⅰ类	Ⅰ类
13 ～ 25	Ⅰ类	Ⅰ类	Ⅰ类	Ⅰ类	Ⅰ类	Ⅰ类	Ⅰ类	Ⅰ类
25 ～ 53	Ⅰ类	Ⅰ类	Ⅰ类	Ⅰ类	Ⅰ类	Ⅰ类	Ⅰ类	Ⅰ类
53 ～ 120	Ⅰ类	Ⅰ类	Ⅰ类	Ⅰ类	Ⅰ类	Ⅰ类	Ⅰ类	Ⅰ类

环境质量背景值

指标	最小值	最大值	均值	中位数	标准偏差
pH	3.9	5.2	5.1	5.1	0.2
有机质 /%	2.00	2.97	2.34	2.40	0.28
砷 /（mg/kg）	1.3	23.9	7.0	1.5	11.3
镉 /（mg/kg）	0.02	0.09	0.07	0.07	0.02
铬 /（mg/kg）	7	28	16	15	9
铜 /（mg/kg）	5.0	10.8	7.5	7.1	2.5
汞 /（mg/kg）	0.041	0.067	0.052	0.050	0.012
镍 /（mg/kg）	3.8	7.6	5.5	5.9	1.3
铅 /（mg/kg）	22	36	30	31	6
锌 /（mg/kg）	46	84	68	72	18

注：此表数据均为表层。

9.7.4 加来系

土族名称：砂质硅质混合型高热性－黄色铝质湿润淋溶土

拟定者：吴晓晨　杨安富　孟龙威

分布与环境条件　分布于海南北部低丘岗地，海拔低于 100 m；玄武岩风化物母质，林地；热带海洋性气候，年平均日照时数 1 900 h，气温 22 ～ 23℃，降水量 1 900 ～ 2 000 mm。

土系特征与变幅　成土过程包括腐殖质积累、黏化、黄化和富铝化，诊断层包括黏化层，诊断特性包括高热性土壤温度状况、湿润土壤水分状况和铝质现象。土体厚度 1 m 以上，淡薄表层厚 15 ～ 20 cm，在其之下为黏化层，通体砾石含量为 0 ～ 10%，砂粒含量为 730 ～ 820 g/kg，黏粒含量为 70 ～ 110 g/kg，质地构型为砂质壤土 - 壤质砂土交替，pH 为 4.4 ～ 4.7。

典型景观

代表性单个土体剖面和整段土壤标本

代表性单个土体 位于临高县加来镇红华农场32队，19.664045° N，109.762816° E，海拔97 m，低丘坡地下部，玄武岩风化坡积物，灌木林。50 cm深土壤温度为26.4℃。野外调查时间为2020年10月22日，编号为46-2020-010。

Ah：0 ～ 19 cm，浊橙色（7.5YR 7/4，干），浊棕色（7.5YR 5/3，润），砂质壤土，屑粒 - 块状结构，松散 - 稍紧实，可见少量铁锰斑纹，向下层渐变波状过渡。

Br：19 ～ 50 cm，浊橙色（7.5YR 7/4，干），浊棕色（7.5YR 5/3，润），壤质砂土，小块状结构，稍紧实，可见少量铁锰斑纹，向下层渐变波状过渡。

Btr1：50 ～ 80 cm，橙色（7.5YR 6/6，干），浊棕色（7.5YR 5/4，润），砂质壤土，小块状结构，紧实，可见少量铁锰斑纹，向下层渐变波状过渡。

Btr2：80 ～ 115 cm，亮棕色（7.5YR 5/6，干），棕色（5YR 4/4，润），10%岩石碎屑，砂质壤土，小块状结构，紧实，可见少量铁锰斑纹，向下层渐变波状过渡。

C：115 ～ 120 cm，半风化体。

对比土系 福万系、南丰系和田公系，同一土族，但土体中砾石较多，为粗骨砂质。

生产性能综述 土体厚，耕层较厚，质地适中，耕性和通透性较好，酸性较强，养分含量总体偏低，应增施有机肥和复合肥，保护现有林地，增加地表草灌覆盖度，防止水土流失。

中国土壤分类 山地黄壤

美国系统分类 Palehumults

世界土壤资源参比基础 Xanthic Alisols（Loamic, Ochric, Hyperalic）

代表性单个土体土壤物理性质

土层	深度 / cm	砾石 /（*V*/ %）	细土颗粒组成 /（g/kg）			质地	容重 /（g/cm³）
			砂粒	粉粒	黏粒		
Ah	0 ～ 19	0	739	178	83	砂质壤土	1.6
Br	19 ～ 50	0	812	114	73	壤质砂土	1.8
Btr1	50 ～ 80	0	767	142	91	砂质壤土	1.8
Btr2	80 ～ 115	10	770	128	102	砂质壤土	1.7

注：砾石：＞ 2 mm 石块；砂粒：0.05 ～ 2 mm；粉粒：0.002 ～ 0.05 mm；黏粒：＜ 0.002 mm。

代表性单个土体土壤化学性质

深度 / cm	pH	有机质 /（g/kg）	全氮 /（g/kg）	碱解氮 /（mg/kg）	速效磷 /（mg/kg）	速效钾 /（mg/kg）	CEC/（cmol/kg）	游离铁 /（g/kg）
0 ～ 19	4.4	5.75	0.03	25	19.0	9.0	3.0	4.92
19 ～ 50	4.4	5.50	0.01	25	19.0	1.2	2.6	3.82
50 ～ 80	4.7	3.48	0.02	16	19.1	6.7	9.4	5.97
80 ～ 115	4.6	2.99	0.02	24	18.2	11.2	4.7	8.06

代表性单个土体环境质量等级

深度 /cm	铬	镍	铜	锌	镉	铅	汞	砷
0 ～ 19	Ⅰ类	Ⅰ类	Ⅰ类	Ⅰ类	Ⅰ类	Ⅰ类	Ⅰ类	Ⅰ类
19 ～ 50	Ⅰ类	Ⅰ类	Ⅰ类	Ⅰ类	Ⅰ类	Ⅰ类	Ⅰ类	Ⅰ类
50 ～ 80	Ⅰ类	Ⅰ类	Ⅰ类	Ⅰ类	Ⅰ类	Ⅰ类	Ⅰ类	Ⅰ类
80 ～ 115	Ⅰ类	Ⅰ类	Ⅰ类	Ⅰ类	Ⅰ类	Ⅰ类	Ⅰ类	Ⅰ类

环境质量背景值

指标	最小值	最大值	均值	中位数	标准偏差
pH	4.2	5.1	4.7	4.7	0.2
有机质 /%	0.52	2.41	1.53	1.34	0.51
砷 /（mg/kg）	1.4	11.5	4.2	3.2	2.9
镉 /（mg/kg）	0.02	0.16	0.06	0.05	0.04
铬 /（mg/kg）	5	40	19	15	11
铜 /（mg/kg）	1.2	14.5	5.4	4.7	3.4
汞 /（mg/kg）	0.012	0.064	0.036	0.030	0.013
镍 /（mg/kg）	1.6	8.8	3.8	3.3	1.9
铅 /（mg/kg）	4	39	14	11	10
锌 /（mg/kg）	10	63	29	25	16

注：此表数据均为表层。

9.8 铝质酸性湿润淋溶土

皇桐系

土族名称：黏壤质硅质混合型高热性－铝质酸性湿润淋溶土

拟定者：吴晓晨　杨安富　林天

分布与环境条件　分布于海南北部低丘岗地，海拔 50 ～ 100 m；花岗岩风化物母质，次生林或橡胶林；热带海洋性气候，年平均日照时数 2 000 h，气温 22 ～ 23℃，降水量 1 900 ～ 2 000 mm。

土系特征与变幅　成土过程包括腐殖质积累、黏化和富铝化，诊断层包括黏化层，诊断特性包括高热性土壤温度状况、湿润土壤水分状况和铝质现象。土体厚度 1 m 以上，淡薄表层厚 15 ～ 20 cm，双黏化层，上界分别约为 40 cm 和 80 cm，厚度分别约为 20 cm 和 40 cm，质地构型为黏壤土 - 黏土 - 粉壤土 - 黏壤土，黏粒含量为 110 ～ 510 g/kg，砂粒含量为 280 ～ 370 g/kg，pH 为 3.9 ～ 5.0。

典型景观

代表性单个土体剖面和整段土壤标本

代表性单个土体　位于临高县皇桐镇良利村，19.829287° N，109.850278° E，海拔 81 m，低丘坡地下部，花岗岩风化坡积物，橡胶林。50 cm 深土壤温度为 26.2℃。野外调查时间为 2020 年 10 月 19 日，编号为 46-2020-040。

Ap：0 ～ 18 cm，暗红棕色（2.5YR 3/4，干），极暗红色（10R 2/2，润），黏壤土，团粒结构，松散，向下层渐变波状过渡。

AB：18 ～ 40 cm，暗红棕色（2.5YR 3/4，干），极暗红色（10R 2/2，润），黏壤土，小块状结构，稍紧实，向下层渐变波状过渡。

Bt1：40 ～ 60 cm，暗红棕色（2.5YR 3/4，干），极暗红色（10R 2/2，润），黏土，小块状结构，紧实，向下层渐变波状过渡。

Bw：60～85 cm，暗红棕色（2.5YR 3/4，干），极暗红色（10R 2/2，润），粉壤土，小块状结构，稍紧实，向下层渐变波状过渡。

Bt2：85～120 cm，暗红棕色（2.5YR 3/4，干），极暗红色（10R 2/2，润），黏壤土，小块状结构，紧实，土体中有少量铁锰结核。

对比土系 大美系，地理位置相近，母质类型一致，无铝质现象，同一土类不同亚类，为红色酸性湿润淋溶土。

生产性能综述 土体厚，耕层偏浅，质地偏黏，耕性和通透性略差，酸性较强，钾素缺乏，其他养分较高，应适度深耕，增施有机肥和钾肥。

中国土壤分类 棕壤

美国系统分类 Humudepts or Eutrudepts or Hapludalfs

世界土壤资源参比基础 Rhodic Alisols（Loamic，Hyperdystric，Ochric）

代表性单个土体土壤物理性质

土层	深度 / cm	砾石 / （V/ %）	细土颗粒组成 / （g/kg）			质地	容重 / （g/cm³）
			砂粒	粉粒	黏粒		
Ap	0～18	0	345	300	356	黏壤土	1.1
AB	18～40	0	336	268	396	黏壤土	1.2
Bt1	40～60	0	288	205	507	黏土	1.2
Bw	60～85	0	365	518	116	粉壤土	1.2
Bt2	85～120	0	334	271	395	黏壤土	1.2

注：砾石：＞2 mm 石块；砂粒：0.05～2 mm；粉粒：0.002～0.05 mm；黏粒：＜0.002 mm。

代表性单个土体土壤化学性质

深度 / cm	pH	有机质 / （g/kg）	全氮 / （g/kg）	碱解氮 / （mg/kg）	速效磷 / （mg/kg）	速效钾 / （mg/kg）	CEC/ （cmol/kg）	游离铁 / （g/kg）
0～18	3.9	27.3	0.13	114	36.5	47.8	7.5	27.8
18～40	4.3	15.3	0.08	69	17.9	38.1	12.1	21.0
40～60	4.5	8.93	0.06	41	17.6	70.6	10.2	31.7
60～85	5.0	10.0	0.06	47	17.8	96.1	7.7	16.2
85～120	4.9	7.03	0.04	33	17.6	28.8	11.5	19.3

代表性单个土体环境质量等级

深度 /cm	铬	镍	铜	锌	镉	铅	汞	砷
0 ～ 20	Ⅱ类	Ⅱ类	Ⅱ类	Ⅰ类	Ⅰ类	Ⅰ类	Ⅰ类	Ⅰ类
20 ～ 35	Ⅱ类	Ⅱ类	Ⅱ类	Ⅰ类	Ⅰ类	Ⅰ类	Ⅰ类	Ⅰ类
35 ～ 60	Ⅱ类	Ⅱ类	Ⅱ类	Ⅰ类	Ⅰ类	Ⅰ类	Ⅰ类	Ⅰ类
60 ～ 85	Ⅱ类	Ⅱ类	Ⅱ类	Ⅰ类	Ⅰ类	Ⅰ类	Ⅰ类	Ⅰ类
85 ～ 120	Ⅱ类	Ⅱ类	Ⅱ类	Ⅰ类	Ⅰ类	Ⅰ类	Ⅰ类	Ⅰ类

环境质量背景值

指标	最小值	最大值	均值	中位数	标准偏差
pH	3.8	6.5	5.1	5.0	0.6
有机质 /%	0.60	2.75	2.18	2.40	0.67
砷 /（mg/kg）	0.01	4.4	2.2	2.2	1.3
镉 /（mg/kg）	0.01	0.67	0.11	0.09	0.11
铬 /（mg/kg）	94	327	218	214	61
铜 /（mg/kg）	15.1	94.1	51.6	54.9	22.3
汞 /（mg/kg）	0.028	0.131	0.064	0.059	0.022
镍 /（mg/kg）	23.8	195.0	113.4	116.3	51.0
铅 /（mg/kg）	4	48	14	12	8
锌 /（mg/kg）	60	227	108	108	33

注：此表数据均为表层。

9.9 红色酸性湿润淋溶土

大美系

土族名称：粗骨壤质硅质混合型高热性－红色酸性湿润淋溶土

拟定者：吴晓晨　杨安富　孟龙威

分布与环境条件　分布于北部低丘岗地，海拔 50 ～ 100 m；花岗岩风化物母质，园地；热带海洋性气候，年平均日照时数 2 100 h，气温 23 ～ 24℃，降水量 1 800 ～ 1 900 mm。

土系特征与变幅　成土过程包括腐殖质积累和黏化，诊断层包括淡薄表层和黏化层，诊断特性包括高热性土壤温度状况和湿润土壤水分状况。土体厚度 1 m 以下，淡薄表层厚 10 ～ 20 cm，在其之下为黏化层，通体砾石含量为 10% ～ 30%，质地构型为黏壤土 - 粉质黏壤土，黏粒含量为 290 ～ 360 g/kg，粉粒含量为 450 ～ 520 g/kg，pH 为 4.4 ～ 6.0。

典型景观

代表性单个土体剖面和整段土壤标本

代表性单个土体　位于澄迈县金江镇大美村，19.822300° N，110.139712° E，海拔 63 m，岗地坡地中下部，花岗岩风化坡积物，香蕉和槟榔园。50 cm 深土壤温度为 26.3℃。野外调查时间为 2021 年 1 月 4 日，编号为 46-2020-041。

Ap：0 ～ 15 cm，浊红棕色（5YR 4/3，干），暗红棕色（5YR 3/2，润），10% 岩石碎屑，黏壤土，团粒 - 小块状结构，松散 - 稍紧实，向下层渐变波状过渡。

ABt：15 ～ 35 cm，浊红棕色（5YR 4/3，干），暗红棕色（5YR 3/2，润），30% 岩石碎屑，粉质黏壤土，小块状结构，紧实，向下层清晰平滑过渡。

Bt：35 ～ 70 cm，浊红棕色（5YR 4/3，干），暗红棕色（5YR 3/2，润），30% 岩石碎屑，粉质黏壤土，中块状结构，很紧实，向下层渐变波状过渡。

C：70 ～ 100 cm，花岗岩风化碎屑。

对比土系 皇桐系，地理位置相近，母质类型一致，同一土类不同亚类，具铝质现象，为铝质酸性湿润淋溶土。

生产性能综述 土体厚，砾石较多，耕层偏浅，质地偏黏，耕性和通透性略差，酸碱性适中，磷素较为缺乏，其他养分含量较高，应适度深耕，增施有机肥和磷肥。

中国土壤分类 山原红壤

美国系统分类 Rhodudalfs

世界土壤资源参比基础 Skeletic Rhodic Ferric Alisols （Loamic，Ochric）

代表性单个土体土壤物理性质

土层	深度 / cm	砾石 / （V/ %）	细土颗粒组成 / （g/kg）			质地	容重 / （g/cm³）
			砂粒	粉粒	黏粒		
Ap	0 ～ 15	10	208	502	290	黏壤土	0.9
ABt	15 ～ 35	30	186	457	357	粉质黏壤土	1.2
Bt	35 ～ 70	30	—	—	—	粉质黏壤土	—

注：砾石：＞ 2 mm 石块；砂粒：0.05 ～ 2 mm；粉粒：0.002 ～ 0.05 mm；黏粒：＜ 0.002 mm。

代表性单个土体土壤化学性质

深度 / cm	pH	有机质 / （g/kg）	全氮 / （g/kg）	碱解氮 / （mg/kg）	速效磷 / （mg/kg）	速效钾 / （mg/kg）	CEC/ （cmol/kg）	游离铁 / （g/kg）
0 ～ 15	6.0	27.7	0.16	140	17.4	585	13.0	85.4
15 ～ 35	4.4	14.2	0.08	69	15.4	75.7	10.9	84.6
35 ～ 70	—	—	—	—	—	—	—	—

代表性单个土体环境质量等级

深度 /cm	铬	镍	铜	锌	镉	铅	汞	砷
0 ～ 15	Ⅱ类	Ⅱ类	Ⅱ类	Ⅰ类	Ⅰ类	Ⅰ类	Ⅰ类	Ⅰ类
15 ～ 35	Ⅱ类	Ⅱ类	Ⅱ类	Ⅰ类	Ⅰ类	Ⅰ类	Ⅰ类	Ⅰ类

环境质量背景值

指标	最小值	最大值	均值	中位数	标准偏差
pH	4.5	6.6	5.4	5.4	0.5
有机质 /%	1.10	5.29	2.85	2.69	1.17
砷 /（mg/kg）	0.1	5.8	2.0	1.8	1.2
镉 /（mg/kg）	0.06	0.36	0.13	0.12	0.05
铬 /（mg/kg）	216	785	485	476	116
铜 /（mg/kg）	38.8	120.0	71.4	67.6	18.7
汞 /（mg/kg）	0.039	0.208	0.078	0.075	0.029
镍 /（mg/kg）	104.0	331.0	200.9	194.0	48.2
铅 /（mg/kg）	3	49	18	18	7
锌 /（mg/kg）	79	254	152	147	35

注：此表数据均为表层。

9.10 斑纹简育湿润淋溶土

9.10.1 广坝系

土族名称：粗骨壤质硅质混合型非酸性高热性－斑纹简育湿润淋溶土
拟定者：吴晓晨 杨安富 孟龙威

分布与环境条件 分布于海南西南部的低丘岗地，海拔 20 ～ 50 m；花岗岩风化物母质，园地；热带海洋性气候，年平均日照时数 2 300 h，气温 24 ～ 25℃，降水量 1 500 ～ 1 600 mm。

土系特征与变幅 成土过程包括腐殖质积累和黏化，诊断层包括淡薄表层和黏化层，诊断特性包括高热性土壤温度状况、湿润土壤水分状况和氧化还原特征。土体厚度 1 m 以下，淡薄表层厚约 20 cm，在其之下为黏化层，厚约 40 cm，通体砾石含量为 5% ～ 60%，质地构型为壤质砂土 - 砂质壤土 - 砂质黏壤土 - 砂质黏土，黏粒含量为 70 ～ 420 g/kg，砂粒含量为 450 ～ 810 g/kg，pH 为 6.0 ～ 6.4。

典型景观

代表性单个土体剖面和整段土壤标本

代表性单个土体　位于东方市广坝农场，18.951548° N，108.755991° E，海拔 33 m，岗地坡顶部，花岗岩风化残积物，杧果园。50 cm 深土壤温度为 26.9℃。野外调查时间为 2020 年 11 月 19 日，编号为 46-2020-035。

Ah：0 ～ 20 cm，浊棕色（7.5YR 5/4，干），灰棕色（7.5YR 4/2，润），5% 岩石碎屑，壤质砂土，团粒结构，松散 - 疏松，向下层清晰平滑过渡。

Bt1：20 ～ 35 cm，亮棕色（7.5YR 5/6，干），棕色（7.5YR 4/4，润），50% 岩石碎屑，砂质壤土，小块状结构，稍紧实，可见中量铁锰结核，向下层渐变波状过渡。

Bt2：35 ～ 60 cm，亮棕色（7.5YR 5/6，干），棕色（7.5YR 4/4，润），50%

岩石碎屑，砂质黏壤土，小块状结构，紧实，可见较多铁锰结核，向下层渐变波状过渡。

BC：60 ～ 80 cm，亮棕色（7.5YR 5/6，干），棕色（7.5YR 4/4，润），60% 岩石碎屑，砂质黏土，小块状无结构，稍紧实，可见中量铁锰结核，向下层渐变波状过渡。

C：80 ～ 100 cm，半风化体。

对比土系 十月田系，同一亚类不同土族，为黏壤质。

生产性能综述 土体较薄，耕层较厚，质地偏砂，耕性和通透性良好，弱酸性，养分含量总体偏低，应增施有机肥和复合肥。

中国土壤分类 棕壤

美国系统分类 Humudepts or Eutrudepts or Hapludalfs

世界土壤资源参比基础 Skeletic Alisols（Loamic,Hyperdystric，Ochric）

代表性单个土体土壤物理性质

土层	深度 / cm	砾石 /（V/ %）	细土颗粒组成 /（g/kg）			质地	容重 /（g/cm³）
			砂粒	粉粒	黏粒		
Ah	0 ～ 20	5	807	116	77	壤质砂土	1.5
Bt1	20 ～ 35	50	804	60	137	砂质壤土	—
Bt2	35 ～ 60	50	562	134	305	砂质黏壤土	—
BC	60 ～ 80	60	451	137	411	砂质黏土	—

注：砾石：＞ 2 mm 石块；砂粒：0.05 ～ 2 mm；粉粒：0.002 ～ 0.05 mm；黏粒：＜ 0.002 mm。

代表性单个土体土壤化学性质

深度 / cm	pH	有机质 /（g/kg）	全氮 /（g/kg）	碱解氮 /（mg/kg）	速效磷 /（mg/kg）	速效钾 /（mg/kg）	CEC/（cmol/kg）	游离铁 /（g/kg）
0 ～ 20	6.0	8.32	0.06	56	27.1	147	3.2	4.74
20 ～ 35	6.4	3.41	0.04	30	19.2	140	3.9	12.82
35 ～ 60	6.2	6.27	0.06	33	18.0	189	11.9	19.21
60 ～ 80	6.1	6.04	0.07	37	17.9	173	12.6	25.33

代表性单个土体环境质量等级

深度 /cm	铬	镍	铜	锌	镉	铅	汞	砷
0 ～ 20	Ⅰ类	Ⅰ类	Ⅰ类	Ⅰ类	Ⅰ类	Ⅰ类	Ⅰ类	Ⅰ类
20 ～ 35	Ⅰ类	Ⅰ类	Ⅰ类	Ⅰ类	Ⅰ类	Ⅰ类	Ⅰ类	Ⅰ类
35 ～ 60	Ⅰ类	Ⅰ类	Ⅰ类	Ⅰ类	Ⅰ类	Ⅰ类	Ⅰ类	Ⅰ类
60 ～ 80	Ⅰ类	Ⅰ类	Ⅰ类	Ⅰ类	Ⅰ类	Ⅰ类	Ⅰ类	Ⅰ类

环境质量背景值

指标	最小值	最大值	均值	中位数	标准偏差
pH	5.9	7.7	6.7	6.4	0.5
有机质 /%	0.78	1.45	1.04	1.07	0.25
砷 /（mg/kg）	2.1	22.7	7.6	7.0	6.1
镉 /（mg/kg）	0.04	0.23	0.09	0.07	0.06
铬 /（mg/kg）	13	35	23	24	7
铜 /（mg/kg）	5.6	23.5	10.5	8.6	5.5
汞 /（mg/kg）	0.010	0.043	0.022	0.018	0.010
镍 /（mg/kg）	3.6	17.9	8.5	6.3	4.9
铅 /（mg/kg）	25	33	30	31	3
锌 /（mg/kg）	20	56	36	32	12

注：此表数据均为表层。

9.10.2 十月田系

土族名称：黏壤质硅质混合型非酸性高热性－斑纹简育湿润淋溶土

拟定者：杨安富 孟龙威 王登峰

分布与环境条件 分布于海南西部台地，海拔 50 ～ 100 m；砂页岩风化物母质，林地；热带海洋性气候，年平均日照时数 2 300 h，气温 23 ～ 24℃，降水量 1 400 ～ 1 600 mm。

土系特征与变幅 成土过程包括腐殖质积累和黏化，诊断层包括淡薄表层和黏化层，诊断特性包括高热性土壤温度状况、湿润土壤水分状况和氧化还原特征。土体厚度 1 m 以上，淡薄表层厚约 20 cm，在其之下为黏化层，质地构型为砂质壤土－砂质黏壤土，黏粒含量为 110 ～ 290 g/kg，砂粒含量为 540 ～ 700 g/kg，pH 为 5.5 ～ 6.1。

典型景观

代表性单个土体剖面和整段土壤标本

代表性单个土体　位于昌江县十月田镇红田连队，19.401691° N，108.938532° E，海拔 56 m，台地，砂页岩风化坡积物，橡胶园。50 cm 深土壤温度为 26.6℃。野外调查时间为 2020 年 11 月 12 日，编号为 46-2020-030。

Ah：0 ～ 22 cm，浊黄棕色（10YR 5/3，干），灰黄棕色（7.5YR 4/2，湿），砂质壤土，团粒 - 小块状结构，松散 - 稍紧实，向下层渐变波状过渡。

AB：22 ～ 38 cm，浊黄棕色（10YR 5/3，干），灰黄棕色（7.5YR 4/2，湿），砂质壤土，小块状结构，稍紧实，可见少量铁锰结核，向下层渐变波状过渡。

Btr1：38 ～ 70 cm，亮黄棕色（5YR 6/6，干），棕色（5YR 4/4，湿），20% 岩石碎屑，砂质黏壤土，中块状结构，稍紧实，可见少量铁锰斑纹和较多铁锰结核，向下层渐变波状过渡。

Btr2：70 ～ 120 cm，红棕色（5YR 5/6，干），暗红棕色（5YR 4/6，湿），砂质黏壤土，中块状结构，稍紧实，可见少量铁锰斑纹和较多铁锰结核。

对比土系 广坝系，同一亚类不同土族，为粗骨壤质。

生产性能综述 土体深厚，表层较厚，质地偏砂，耕性和通透性较好，偏酸，养分含量总体偏低，应保护现有植被，增施有机肥和复合肥。

中国土壤分类 棕壤

美国系统分类 Humudepts or Eutrudepts or Hapludalfs

世界土壤资源参比基础 Haplic Alisols （Loamic, Hypereutric, Ochric）

代表性单个土体土壤物理性质

土层	深度 / cm	砾石 / （V/ %）	细土颗粒组成 / （g/kg）			质地	容重 / （g/cm³）
			砂粒	粉粒	黏粒		
Ah	0 ～ 22	0	696	158	145	砂质壤土	1.4
AB	22 ～ 38	0	656	228	116	砂质壤土	1.7
Btr1	38 ～ 70	20	547	170	283	砂质黏壤土	—
Btr2	70 ～ 120	0	544	191	265	砂质黏壤土	1.5

注：砾石：＞ 2 mm 石块；砂粒：0.05 ～ 2 mm；粉粒：0.002 ～ 0.05 mm；黏粒：＜ 0.002 mm。

代表性单个土体土壤化学性质

深度 / cm	pH	有机质 / （g/kg）	全氮 / （g/kg）	碱解氮 / （mg/kg）	速效磷 / （mg/kg）	速效钾 / （mg/kg）	CEC/ （cmol/kg）	游离铁 / （g/kg）
0 ～ 22	5.7	15.50	0.08	70	25.7	83.0	6.3	8.11
22 ～ 38	5.5	12.70	0.07	62	24.1	62.2	5.9	11.13
38 ～ 70	6.0	8.84	0.06	44	18.0	105	12.7	30.15
70 ～ 120	6.1	8.31	0.05	39	17.8	90.4	14.8	21.86

代表性单个土体环境质量等级

深度 /cm	铬	镍	铜	锌	镉	铅	汞	砷
0 ～ 22	Ⅰ类	Ⅰ类	Ⅰ类	Ⅰ类	Ⅰ类	Ⅰ类	Ⅰ类	Ⅰ类
22 ～ 38	Ⅰ类	Ⅰ类	Ⅰ类	Ⅰ类	Ⅰ类	Ⅰ类	Ⅰ类	Ⅰ类
38 ～ 70	Ⅰ类	Ⅰ类	Ⅰ类	Ⅰ类	Ⅰ类	Ⅰ类	Ⅰ类	Ⅰ类
70 ～ 120	Ⅰ类	Ⅰ类	Ⅰ类	Ⅰ类	Ⅰ类	Ⅰ类	Ⅰ类	Ⅰ类

环境质量背景值

指标	最小值	最大值	均值	中位数	标准偏差
pH	5.0	7.6	6.2	6.1	0.6
有机质 /%	0.55	2.90	1.74	2.05	0.77
砷 /（mg/kg）	1.7	28.0	12.3	10.2	8.1
镉 /（mg/kg）	0.03	0.17	0.10	0.09	0.05
铬 /（mg/kg）	20	674	134	43	200
铜 /（mg/kg）	4.7	93.8	29.5	25.4	24.2
汞 /（mg/kg）	0.005	0.065	0.028	0.028	0.015
镍 /（mg/kg）	5.4	239.0	38.6	15.8	67.2
铅 /（mg/kg）	10	41	21	24	10
锌 /（mg/kg）	15	80	47	47	18

注：此表数据均为表层。

9.11 普通简育湿润淋溶土

9.11.1 下坡园系

土族名称：粗骨砂质硅质混合型酸性高热性－普通简育湿润淋溶土

拟定者：杨安富　孟龙威　王登峰

分布与环境条件　分布于海南中部低丘岗地，海拔 100 ～ 150 m；花岗岩风化物母质，林地；热带海洋性气候，年平均日照时数 2 000 h，气温 22 ～ 23℃，降水量 2 000 ～ 2 100 mm。

土系特征与变幅　成土过程包括腐殖质积累和黏化，诊断层包括淡薄表层和黏化层，诊断特性包括高热性土壤温度状况和湿润土壤水分状况。土体厚度 1 m 以上，淡薄表层厚约 20 cm，在其之下为黏化层，厚约 80 cm，通体砾石含量为 10% ～ 50%，质地构型为壤质砂土 - 砂质黏壤土 - 砂质壤土，黏粒含量为 110 ～ 250 g/kg，砂粒含量为 570 ～ 850 g/kg，pH 为 4.6 ～ 5.1。

典型景观

代表性单个土体剖面和整段土壤标本

代表性单个土体　位于屯昌县屯城镇下坡园村，19.440533° N，110.100864° E，海拔 133 m，低丘坡地中部，花岗岩风化坡积物，杂木林。50 cm 深土壤温度为 26.5℃。野外调查时间为 2020 年 12 月 31 日，编号为 46-2020-008。

Ah：0 ～ 20 cm，浊黄橙色（10YR 6/4，干），灰黄棕色（10YR 4/2，润），10% 岩石碎屑，壤质砂土，团粒结构，松散，向下层清晰平滑过渡。

ABt：20 ～ 43 cm，亮黄棕色（7.5YR 6/6，干），浊黄棕色（7.5YR 5/4，润），20% 岩石碎屑，砂质黏壤土，小块状结构，稍紧实，向下层清晰平滑过渡。

Bt1：43 ～ 76 cm，黄棕色（7.5YR 5.5/6，干），棕色（7.5YR 5/4，润），50% 岩石碎屑，砂质黏壤土，中块状结构，紧实，向下层渐变波状过渡。

Bt2：76 ～ 105 cm，亮黄棕色（7.5YR 6/6，干），浊黄棕色（7.5YR 5/4，润），30% 岩石碎屑，砂质黏壤土，中块状结构，紧实，向下层渐变波状过渡。

Bw：105 ～ 130 cm，亮黄棕色（7.5YR 7/6，干），浊黄棕色（7.55YR 5/4，润），30% 岩石碎屑，砂质壤土，中块状结构，紧实。

对比土系　龙楼系，同一亚类不同土族，龙楼系为粗骨黏质。

生产性能综述　土体厚，砾石较多，表层较厚，质地偏砂，耕性和通透性良好，酸性较强，养分含量总体中等，应增施有机肥和复合肥。

中国土壤分类　棕壤

美国系统分类　Humudepts or Eutrudepts or Hapludalfs

世界土壤资源参比基础　Skeletic Alisols（Loamic，Hyperdystric，Ochric）

代表性单个土体土壤物理性质

土层	深度 / cm	砾石 /（V/ %）	细土颗粒组成 /（g/kg）			质地	容重 /（g/cm³）
			砂粒	粉粒	黏粒		
Ah	0 ～ 20	10	849	35	115	壤质砂土	1.3
ABt	20 ～ 43	20	679	76	244	砂质黏壤土	1.5
Bt1	43 ～ 76	50	668	117	215	砂质黏壤土	1.3
Bt2	76 ～ 105	30	575	184	241	砂质黏壤土	1.5
Bw	105 ～ 130	30	570	279	151	砂质壤土	1.5

注：砾石：＞ 2 mm 石块；砂粒：0.05 ～ 2 mm；粉粒：0.002 ～ 0.05 mm；黏粒：＜ 0.002 mm。

代表性单个土体土壤化学性质

深度 / cm	pH	有机质 /（g/kg）	全氮 /（g/kg）	碱解氮 /（mg/kg）	速效磷 /（mg/kg）	速效钾 /（mg/kg）	CEC/（cmol/kg）	游离铁 /（g/kg）
0 ～ 20	5.1	26.60	0.15	142	20.1	112	4.9	8.31
20 ～ 43	4.6	12.90	0.08	61	15.7	83.3	7.4	19.42
43 ～ 76	4.8	6.65	0.04	39	15.4	58.5	11.1	17.13
76 ～ 105	4.8	5.44	0.04	28	15.3	47.2	13.0	18.46
105 ～ 130	4.9	2.94	0.02	16	15.3	47.1	12.6	18.20

代表性单个土体环境质量等级

深度 /cm	铬	镍	铜	锌	镉	铅	汞	砷
0 ～ 20	Ⅰ类	Ⅰ类	Ⅰ类	Ⅰ类	Ⅰ类	Ⅰ类	Ⅰ类	Ⅰ类
20 ～ 43	Ⅰ类	Ⅰ类	Ⅰ类	Ⅰ类	Ⅰ类	Ⅰ类	Ⅰ类	Ⅰ类
43 ～ 76	Ⅰ类	Ⅰ类	Ⅰ类	Ⅰ类	Ⅰ类	Ⅰ类	Ⅰ类	Ⅰ类
76 ～ 105	Ⅰ类	Ⅰ类	Ⅰ类	Ⅰ类	Ⅰ类	Ⅰ类	Ⅰ类	Ⅰ类
105 ～ 130	Ⅰ类	Ⅰ类	Ⅰ类	Ⅰ类	Ⅰ类	Ⅰ类	Ⅰ类	Ⅰ类

环境质量背景值

指标	最小值	最大值	均值	中位数	标准偏差
pH	4.7	5.1	4.9	4.9	0.1
有机质 /%	1.41	2.95	2.05	1.93	0.61
砷 /（mg/kg）	0.9	1.8	1.2	0.9	0.4
镉 /（mg/kg）	0.02	0.08	0.05	0.05	0.02
铬 /（mg/kg）	12	45	25	21	12
铜 /（mg/kg）	3.1	17.3	6.8	5.8	3.1
汞 /（mg/kg）	0.028	0.065	0.042	0.040	0.013
镍 /（mg/kg）	3.0	10.1	5.5	4.3	3.1
铅 /（mg/kg）	27	52	34	32	8
锌 /（mg/kg）	24	52	36	34	10

注：此表数据均为表层。

9.11.2 龙楼系

土族名称：粗骨黏质硅质混合型非酸性高热性－普通简育湿润淋溶土
拟定者：杨安富　孟龙威　王登峰

分布与环境条件　分布于海南东北部低丘岗地，海拔低于 50 m；花岗岩风化物母质，林地；热带海洋性气候，年平均日照时数 2 000 h，气温 21 ～ 22℃，降水量 1 900 ～ 2 000 mm。

土系特征与变幅　成土过程包括腐殖质积累和黏化，诊断层包括淡薄表层和黏化层，诊断特性包括高热性土壤温度状况和湿润土壤水分状况。土体厚度 1 m 以上，淡薄表层厚约 20 cm，在其之下为黏化层，通体砾石含量为 10% ～ 50%，质地构型为砂质黏壤土 - 砂质黏土，黏粒含量为 220 ～ 420 g/kg，砂粒含量为 470 ～ 610 g/kg，pH 为 4.8 ～ 5.5。

典型景观

代表性单个土体剖面和整段土壤标本

代表性单个土体 位于文昌市龙楼镇铜鼓岭自然保护区，19.670727° N，110.007094° E，海拔 16 m，岗地坡地下部，花岗岩风化坡积物，灌木林。50 cm 深土壤温度为 26.4℃。野外调查时间为 2020 年 10 月 12 日，编号为 46-2020-020。

Ah：0 ～ 20 cm，浊棕色（5YR 5/4，干），棕色（5YR 4/3，润），10% 岩石碎屑，砂质黏壤土，团粒结构，松散，向下层渐变波状过渡。

ABt：20 ～ 45 cm，浊棕色（5YR 5/4，干），棕色（5YR 4/3，润），20% 岩石碎屑，砂质黏壤土，小块状结构，稍紧实，向下层渐变波状过渡。

Bt1：45 ～ 70 cm，亮棕色（5YR 5/6，干），棕色（5YR 4/4，润），40% 岩石碎屑，砂质黏土，小块状结构，很紧实，向下层渐变波状过渡。

Bt2：70～110 cm，亮棕色（5YR 5/6，干），棕色（5YR 4/4，润），50% 岩石碎屑，砂质黏土，小块状结构，很紧实，可见有少量铁锰结核。

对比土系 下坡园系，同一亚类不同土族，下坡园系为粗骨砂质。

生产性能综述 土体较厚，砾石较多，表层较厚，质地偏黏，耕性和通透性略差，酸性较强，养分含量总体偏低，应增施有机肥和复合肥，保护现有植被，防止水土流失。

中国土壤分类 棕壤

美国系统分类 Humudepts or Eutrudepts or Hapludalfs

世界土壤资源参比基础 Skeletic Alisols （Loamic, Hyperdystric, Ochric）

代表性单个土体土壤物理性质

土层	深度 / cm	砾石 / （V/ %）	细土颗粒组成 / （g/kg）			质地	容重 / （g/cm³）
			砂粒	粉粒	黏粒		
Ah	0～20	10	609	170	221	砂质黏壤土	—
ABt	20～45	20	517	176	308	砂质黏壤土	—
Bt1	45～70	40	474	125	401	砂质黏土	—
Bt2	70～110	50	473	114	413	砂质黏土	—

注：砾石：＞2 mm 石块；砂粒：0.05 ～ 2 mm；粉粒：0.002 ～ 0.05 mm；黏粒：＜0.002 mm。

代表性单个土体土壤化学性质

深度 / cm	pH	有机质 / （g/kg）	全氮 / （g/kg）	碱解氮 / （mg/kg）	速效磷 / （mg/kg）	速效钾 / （mg/kg）	CEC/ （cmol/kg）	游离铁 / （g/kg）
0～20	4.8	17.50	0.09	97	18.1	185	5.7	13.92
20～45	4.9	14.20	0.09	90	17.3	183	9.9	17.95
45～70	5.4	13.00	0.09	45	17.1	190	15.4	24.47
70～110	5.5	16.60	0.11	105	17.5	184	20.5	25.41

代表性单个土体环境质量等级

深度 /cm	铬	镍	铜	锌	镉	铅	汞	砷
0～20	Ⅰ类	Ⅰ类	Ⅰ类	Ⅰ类	Ⅰ类	Ⅰ类	Ⅰ类	Ⅰ类
20～45	Ⅰ类	Ⅰ类	Ⅰ类	Ⅰ类	Ⅰ类	Ⅰ类	Ⅰ类	Ⅰ类
45～70	Ⅰ类	Ⅰ类	Ⅰ类	Ⅰ类	Ⅰ类	Ⅰ类	Ⅰ类	Ⅰ类
70～110	Ⅰ类	Ⅰ类	Ⅰ类	Ⅰ类	Ⅰ类	Ⅰ类	Ⅰ类	Ⅰ类

环境质量背景值

指标	最小值	最大值	均值	中位数	标准偏差
pH	4.7	5.6	5.1	5.0	0.3
有机质 /%	0.78	2.16	1.21	1.00	0.49
砷 /（mg/kg）	1.5	24.7	7.8	1.8	10.4
镉 /（mg/kg）	0.02	0.09	0.04	0.03	0.03
铬 /（mg/kg）	10	56	25	19	18
铜 /（mg/kg）	3.4	14.4	7.9	6.5	4.3
汞 /（mg/kg）	0.014	0.036	0.025	0.029	0.009
镍 /（mg/kg）	2.0	22.5	7.1	4.5	7.1
铅 /（mg/kg）	6	47	11	10	4
锌 /（mg/kg）	9	61	23	18	16

注：此表数据均为表层。

第十章
雏形土

10.1 酸性暗色潮湿雏形土

翁田系

土族名称：砂质硅质混合型高热性－酸性暗色潮湿雏形土

拟定者：杨安富　孟龙威　李德成

分布与环境条件　分布于海南北部冲积平原区，海拔低于 10 m；浅海沉积物母质，旱地，撂荒水田或草地；热带海洋性气候，年平均日照时数 1 900 h，气温 21 ～ 22℃，降水量 1 700 ～ 1 800 mm。

土系特征与变幅　成土过程包括旱耕熟化和氧化还原，诊断层包括淡薄表层，诊断特性包括高热性土壤温度状况、潮湿土壤水分状况、冲积物岩性特征和氧化还原特征。土体厚度 1 m 以上，通体为砂土，砂粒含量高于 930 g/kg，淡薄表层下土体具氧化还原特征，可见有铁锰斑纹，16 ～ 40 cm 为锆钛矿，通体 pH 为 4.7 ～ 5.4。

典型景观

代表性单个土体剖面和整段土壤标本

代表性单个土体 位于文昌市翁田镇大惠村，19.885805° N，110.895167° E，海拔 4 m，冲积平原，浅海沉积物，撂荒地。50 cm 深土壤温度为 26.3℃。野外调查时间为 2020 年 10 月 16 日，编号为 46-2020-043。

Ah：0 ～ 16 cm，黑棕色（10YR 3/2，干），黑棕色（10YR 2/1，润），砂土，屑粒结构，松散，向下层渐变波状过渡。

ABr：16 ～ 40 cm，黑棕色（10YR 3/2，干），黑棕色（10YR 2/1，润），砂土，无结构，向下层清晰平滑过渡。

Br：40 ～ 75 cm，黑棕色（10YR 3/1，干），黑棕色（10YR 2/1，润），砂土，大块状结构，很坚实，可见少量铁锰斑纹，向下层清晰平滑过渡。

Cr：75 ～ 110 cm，黑棕色（10YR 3/1，干），黑棕色（10YR 2/1，润），砂土，单粒，无结构，松散，可见极少量铁锰斑纹。

对比土系 雷鸣系，地形部位和母质一致，但为水田，不同土纲，水耕人为土。

生产性能综述 土体较薄，地势较低，下部易积水，质地偏砂，耕性和通透性好，酸性较强，养分含量总体偏低，撂荒多年，若耕作应适度深耕，深沟排水，增施有机肥和复合肥。

中国土壤分类 冲积土

美国系统分类 Udifluvents

世界土壤资源参比基础 Dystric Orthofluvic Fluvisols（Arenic，Ochric，Oxyaquic）

代表性单个土体土壤物理性质

土层	深度 / cm	砾石 /（V/ %）	细土颗粒组成 /（g/kg）			质地	容重 /（g/cm³）
			砂粒	粉粒	黏粒		
Ah	0 ～ 16	0	938	41	21	砂土	1.5
ABr	16 ～ 40	0	982	13	5	砂土	1.5
Br	40 ～ 75	0	963	7	30	砂土	1.5
Cr	75 ～ 110	0	975	12	13	砂土	1.5

注：砾石：＞ 2 mm 石块；砂粒：0.05 ～ 2 mm；粉粒：0.002 ～ 0.05 mm；黏粒：＜ 0.002 mm。

代表性单个土体土壤化学性质

深度 / cm	pH	有机质 /（g/kg）	全氮 /（g/kg）	碱解氮 /（mg/kg）	速效磷 /（mg/kg）	速效钾 /（mg/kg）	CEC/（cmol/kg）	游离铁 /（g/kg）
0 ～ 16	5.4	8.96	0.04	36	304	4.4	1.2	0.791
16 ～ 40	5.4	9.59	0.03	33	79.7	0.1	1.1	0.951
40 ～ 75	4.8	12.9	0.02	16	32.9	0.1	2.3	0.155
75 ～ 110	4.7	4.14	0.01	4	29.7	0.1	0.3	0.051

代表性单个土体环境质量等级

深度 /cm	铬	镍	铜	锌	镉	铅	汞	砷
0 ～ 16	Ⅰ类	Ⅰ类	Ⅰ类	Ⅰ类	Ⅰ类	Ⅰ类	Ⅰ类	Ⅰ类
16 ～ 40	Ⅰ类	Ⅰ类	Ⅰ类	Ⅰ类	Ⅰ类	Ⅰ类	Ⅰ类	Ⅰ类
40 ～ 75	Ⅰ类	Ⅰ类	Ⅰ类	Ⅰ类	Ⅰ类	Ⅰ类	Ⅰ类	Ⅰ类
75 ～ 110	Ⅰ类	Ⅰ类	Ⅰ类	Ⅰ类	Ⅰ类	Ⅰ类	Ⅰ类	Ⅰ类

环境质量背景值

指标	最小值	最大值	均值	中位数	标准偏差
pH	5.3	6.3	5.6	5.7	0.4
有机质 /%	0.41	0.92	0.55	0.52	0.13
砷 /（mg/kg）	0.2	2.3	1.0	0.6	0.9
镉 /（mg/kg）	0.01	0.13	0.01	0.01	0.01
铬 /（mg/kg）	1	23	7	4	5
铜 /（mg/kg）	0.7	15.7	2.2	2.3	1.4
汞 /（mg/kg）	0.003	0.080	0.013	0.017	0.007
镍 /（mg/kg）	0.5	4.6	2.3	1.7	1.8
铅 /（mg/kg）	2	15	5	5	2
锌 /（mg/kg）	3	58	6	5	2

注：此表数据均为表层。

10.2 石质铝质常湿雏形土

10.2.1 三派系

土族名称：粗骨黏质硅质混合型高热性－石质铝质常湿雏形土

拟定者：杨安富　孟龙威　李德成

分布与环境条件　分布于海南西部的丘陵山地，海拔 250 ～ 350 m；紫色岩风化物母质，林地；热带海洋性气候，年平均日照时数 2 100 h，气温 22 ～ 23℃，降水量 1 700 ～ 1 800 mm。

土系特征与变幅　成土过程包括腐殖质积累和脱硅富铝，诊断层包括淡薄表层和雏形层，诊断特性包括高热性土壤温度状况、常湿润土壤水分状况、铝质现象和准石质接触面。土体厚度 1 m 以下，淡薄表层厚 10 ～ 20 cm，准石质接触面上界出现在 50 cm，砾石含量为 20% ～ 60%，质地构型为黏壤土 - 黏土交错，黏粒含量为 360 ～ 550 g/kg，pH 为 4.7 ～ 5.2。

典型景观

代表性单个土体剖面和整段土壤标本

代表性单个土体　位于昌江县王下乡三派村，18.996835° N，109.146433° E，海拔 298 m，丘陵坡地中部，紫色岩风化残积物，次生林地。50 cm 深土壤温度为 26.7℃。野外调查时间为 2021 年 1 月 8 日，编号为 46-2020-056。

Ah：0 ～ 15 cm，浊红棕色（5YR 5/3，干），暗红棕色（5YR 3/2，润），20% 岩石碎屑，黏壤土，团粒结构，松散，向下层清晰平滑过渡。

AB：15 ～ 30 cm，亮红棕色（5YR 5/8，干），暗红棕色（5YR 3/6，润），40% 岩石碎屑，黏土，小块状结构，坚实，向下层渐变波状过渡。

Bw：30 ～ 50 cm，亮红棕色（5YR 5/8，干），暗红棕色（5YR 3/6，润），50% 岩石碎屑，黏壤土，小块状结构，坚实，向下层渐变波状过渡。

C：50 ～ 85 cm，亮红棕色（5YR 5/8，干），暗红棕色（5YR 3/6，润），60% 岩石碎屑，黏土，小块状结构，坚实，向下层清晰波状过渡。

R：85 ～ 130 cm，基岩。

对比土系 村头岭系，砂页岩母质，同一亚类不同土族，颗粒大小级别为粗骨壤质。

生产性能综述 土体薄，砾石多，发育弱，酸性较强，养分含量较高。应该保护现有植被，防止水土流失。

中国土壤分类 黄壤性土

美国系统分类 Lithic Dystrudepts

世界土壤资源参比基础 Alic Leptic Umbrisols or Cambisols

代表性单个土体土壤物理性质

土层	深度 / cm	砾石 / （V/ %）	细土颗粒组成 / （g/kg）			质地	容重 / （g/cm³）
			砂粒	粉粒	黏粒		
Ah	0 ～ 15	20	232	384	383	黏壤土	1.1
AB	15 ～ 30	40	238	339	423	黏土	1.0
Bw	30 ～ 50	50	211	422	367	黏壤土	—
C	50 ～ 85	60	239	213	548	黏土	—

注：砾石：＞ 2 mm 石块；砂粒：0.05 ～ 2 mm；粉粒：0.002 ～ 0.05 mm；黏粒：＜ 0.002 mm。

代表性单个土体土壤化学性质

深度 / cm	pH	有机质 / （g/kg）	全氮 / （g/kg）	碱解氮 / （mg/kg）	速效磷 / （mg/kg）	速效钾 / （mg/kg）	CEC/ （cmol/kg）	游离铁 / （g/kg）
0 ～ 15	5.2	44.90	0.26	160	17.3	108.0	14.0	35.55
15 ～ 30	4.8	18.90	0.16	95	15.9	73.9	10.9	48.53
30 ～ 50	4.8	12.40	0.13	64	15.5	70.4	11.4	59.68
50 ～ 85	4.7	10.10	0.11	53	15.5	56.1	11.3	59.35

代表性单个土体环境质量等级

深度 /cm	铬	镍	铜	锌	镉	铅	汞	砷
0 ～ 15	Ⅰ类	Ⅰ类	Ⅰ类	Ⅰ类	Ⅰ类	Ⅰ类	Ⅰ类	Ⅰ类
15 ～ 30	Ⅰ类	Ⅰ类	Ⅰ类	Ⅰ类	Ⅰ类	Ⅰ类	Ⅰ类	Ⅱ类
30 ～ 50	Ⅰ类	Ⅰ类	Ⅰ类	Ⅰ类	Ⅰ类	Ⅰ类	Ⅰ类	Ⅱ类
50 ～ 85	Ⅰ类	Ⅰ类	Ⅰ类	Ⅰ类	Ⅰ类	Ⅰ类	Ⅰ类	Ⅱ类

环境质量背景值

指标	最小值	最大值	均值	中位数	标准偏差
pH	4.9	7.9	6.1	6.1	0.8
有机质 /%	0.59	5.22	1.70	1.45	0.91
砷 /（mg/kg）	1.2	988.0	111.1	46.1	222.1
镉 /（mg/kg）	0.06	0.66	0.23	0.17	0.16
铬 /（mg/kg）	7	68	38	40	17
铜 /（mg/kg）	4.6	35.4	18.7	19.3	8.5
汞 /（mg/kg）	0.011	0.946	0.111	0.055	0.210
镍 /（mg/kg）	2.2	31.6	13.8	12.3	7.8
铅 /（mg/kg）	7	65	26	24	15
锌 /（mg/kg）	31	271	113	98	67

注：此表数据均为表层。

10.2.2 村头岭系

土族名称：粗骨壤质硅质混合型高热性－石质铝质常湿雏形土

拟定者：杨安富　孟龙威　王登峰

分布与环境条件　分布于海南西部的丘陵，海拔 150 ～ 250 m；砂页岩风化物母质，园地；热带海洋性气候，年平均日照时数 2 300 h，气温 22 ～ 23℃，降水量 1 600 ～ 1 700 mm。

土系特征与变幅　成土过程包括腐殖质积累和脱硅富铝，诊断层包括淡薄表层和雏形层，诊断特性包括高热性土壤温度状况、常湿润土壤水分状况、铝质现象和石质接触面。土体厚度 1 m 以下，淡薄表层厚约 10 cm，石质接触面上界为 40 cm 左右。土体中砾石含量为 20% ～ 50%，质地构型为砂质壤土 - 壤土 - 砂质壤土，砂粒含量为 500 ～ 540 g/kg，pH 为 4.5 ～ 4.8。

典型景观

代表性单个土体剖面和整段土壤标本

代表性单个土体　位于东方市江边乡村头岭，18.905225° N，108.973282° E，海拔 199 m，丘陵坡地中部，砂页岩风化物残积物，槟榔园。50 cm 深土壤温度为 26.8℃。野外调查时间为 2020 年 12 月 2 日，编号为 46-2020-018。

Ah：0 ～ 11 cm，浊黄橙色（10YR 6/3，干），灰黄棕色（10YR 4/2，润），20% 岩石碎屑，砂质壤土，团粒结构，松散，向下层渐变波状过渡。

AB：11 ～ 22 cm，浊黄橙色（10YR 7/4，干），灰黄棕色（10YR 5/2，润），30% 岩石碎屑，壤土，小块状结构，坚实，向下层渐变波状过渡。

B：22 ～ 43 cm，浊黄橙色（10YR 7/4，干），灰黄棕色（10YR 5/2，润），50% 岩石碎屑，砂质壤土，小块状结构，坚实，向下层渐变波状过渡。

R：43 ～ 110 cm，基岩。

对比土系 三派系，紫色岩母质，同一亚类不同土族，为粗骨黏质。

生产性能综述 土体薄，砾石多，发育弱，酸性较强，养分含量较高，应适度深耕，提升地表草覆盖度，防止水土流失。

中国土壤分类 黄壤性土

美国系统分类 Lithic Dystrudepts

世界土壤资源参比基础 Alic Leptic Umbrisols or Cambisols

代表性单个土体土壤物理性质

土层	深度 / cm	砾石 / （V/ %）	细土颗粒组成 / （g/kg）			质地	容重 / （g/cm³）
			砂粒	粉粒	黏粒		
Ah	0 ～ 11	20	534	279	187	砂质壤土	—
AB	11 ～ 22	30	505	305	190	壤土	—
B	22 ～ 43	50	536	269	195	砂质壤土	—

注：砾石：＞ 2 mm 石块；砂粒：0.05 ～ 2 mm；粉粒：0.002 ～ 0.05 mm；黏粒：＜ 0.002 mm。

代表性单个土体土壤化学性质

深度 / cm	pH	有机质 / （g/kg）	全氮 / （g/kg）	碱解氮 / （mg/kg）	速效磷 / （mg/kg）	速效钾 / （mg/kg）	CEC/ （cmol/kg）	游离铁 / （g/kg）
0 ～ 11	4.8	43.40	0.22	158	27.7	129	9.2	10.93
11 ～ 22	4.7	23.70	0.15	105	21.4	88.2	6.9	12.66
22 ～ 43	4.5	10.10	0.08	60	19.7	66.4	13.8	12.02

代表性单个土体环境质量等级

深度 /cm	铬	镍	铜	锌	镉	铅	汞	砷
0 ～ 11	Ⅰ类	Ⅰ类	Ⅰ类	Ⅰ类	Ⅰ类	Ⅰ类	Ⅰ类	Ⅰ类
11 ～ 22	Ⅰ类	Ⅰ类	Ⅰ类	Ⅰ类	Ⅰ类	Ⅰ类	Ⅰ类	Ⅰ类
22 ～ 43	Ⅰ类	Ⅰ类	Ⅰ类	Ⅰ类	Ⅰ类	Ⅰ类	Ⅰ类	Ⅰ类

环境质量背景值

指标	最小值	最大值	均值	中位数	标准偏差
pH	4.4	6.5	5.7	5.6	0.4
有机质 /%	1.38	4.71	2.45	2.38	0.67
砷 /（mg/kg）	0.8	25.8	10.3	9.3	6.3
镉 /（mg/kg）	0.02	0.08	0.05	0.05	0.02
铬 /（mg/kg）	25	55	36	34	9
铜 /（mg/kg）	11.5	27.5	18.6	18.5	5.0
汞 /（mg/kg）	0.021	0.085	0.040	0.037	0.014
镍 /（mg/kg）	7.1	18.9	13.3	12.9	4.0
铅 /（mg/kg）	6	20	16	16	3
锌 /（mg/kg）	21	74	50	45	19

注：此表数据均为表层。

10.3 普通铝质常湿雏形土

阜龙系

土族名称：黏壤质硅质混合型高热性－普通铝质常湿雏形土

拟定者：杨安富　孟龙威　王登峰

分布与环境条件　分布于海南西部的低山丘陵，海拔 250 ～ 300 m；花岗岩风化物母质，林地或园地；热带海洋性气候，年平均日照时数 1 900 h，气温 21 ～ 22℃，降水量 1 700 ～ 1 800 mm。

土系特征与变幅　成土过程包括腐殖质积累和脱硅富铝，诊断层包括淡薄表层和雏形层，诊断特性包括高热性土壤温度状况、常湿润土壤水分状况和铝质现象。土体厚度 1 m 以下，淡薄表层厚约 20 cm。土体中砾石含量低于 5%，通体砂质黏壤土，砂粒含量为 500 ～ 600 g/kg，pH 为 4.4 ～ 4.7。

典型景观

代表性单个土体剖面和整段土壤标本

代表性单个土体　位于白沙县阜龙乡白准村，19.325605° N，109.447165° E，海拔 272 m，丘陵坡地中部，花岗岩风化坡积物，橡胶林。50 cm 深土壤温度为 26.5℃。野外调查时间为 2020 年 11 月 11 日，编号为 46-2020-029。

Ah：0 ～ 20 cm，浊黄橙色（10YR 6/4，干），浊黄棕色（10YR 4/3，润），砂质黏壤土，团粒结构，松散，向下层渐变波状过渡。

AB：20 ～ 40 cm，浊黄橙色（10YR 6/4，干），浊黄棕色（10YR 4/3，润），砂质黏壤土，小块状结构，稍坚实，向下层渐变波状过渡。

Bw1：40 ～ 63 cm，浊黄橙色（10YR 6/4，干），浊黄棕色（10YR 4/3，润），砂质黏壤土，小块状结构，稍坚实，向下层渐变波状过渡。

Bw2：63 ～ 80 cm，亮黄棕色（10YR 7/6，干），浊黄棕色（10YR 5/4，润），砂质黏壤土，小块状结构，稍坚实，向下层渐变波状过渡。

C：80 ～ 120 cm，花岗岩风化碎屑。

对比土系 三派系和村头岭系，同一土类不同亚类，为石质铝质常湿雏形土。

生产性能综述 土体较厚，表层质地偏黏，耕性和通透性较差，酸性较强，有机质含量中等，速效养分含量偏低。应保护现有植被，增施有机肥和复合肥。

中国土壤分类 黄壤性土

美国系统分类 Dystrudepts

世界土壤资源参比基础 Alic Umbrisols or Cambisols

代表性单个土体土壤物理性质

土层	深度 / cm	砾石 /（V/ %）	细土颗粒组成 /（g/kg）			质地	容重 /（g/cm³）
			砂粒	粉粒	黏粒		
Ah	0 ～ 20	0	600	185	215	砂质黏壤土	1.2
AB	20 ～ 40	0	557	214	229	砂质黏壤土	1.4
Bw1	40 ～ 63	0	545	197	257	砂质黏壤土	1.5
Bw2	63 ～ 80	5	509	190	301	砂质黏壤土	1.4

注：砾石：＞ 2 mm 石块；砂粒：0.05 ～ 2 mm；粉粒：0.002 ～ 0.05 mm；黏粒：＜ 0.002 mm。

代表性单个土体土壤化学性质

深度 / cm	pH	有机质 /（g/kg）	全氮 /（g/kg）	碱解氮 /（mg/kg）	速效磷 /（mg/kg）	速效钾 /（mg/kg）	CEC/（cmol/kg）	游离铁 /（g/kg）
0 ～ 20	4.4	23.20	0.11	104	18.6	68.7	8.6	16.31
20 ～ 40	4.5	16.90	0.09	86	18.3	37.9	6.8	14.86
40 ～ 63	4.7	13.50	0.08	71	18.0	31.4	13.2	11.36
63 ～ 80	4.7	13.40	0.06	54	17.8	33.3	11.0	11.59

代表性单个土体环境质量等级

深度 /cm	铬	镍	铜	锌	镉	铅	汞	砷
0 ～ 20	Ⅰ类	Ⅰ类	Ⅰ类	Ⅰ类	Ⅰ类	Ⅰ类	Ⅰ类	Ⅰ类
20 ～ 40	Ⅰ类	Ⅰ类	Ⅰ类	Ⅰ类	Ⅰ类	Ⅰ类	Ⅰ类	Ⅰ类
40 ～ 63	Ⅰ类	Ⅰ类	Ⅰ类	Ⅰ类	Ⅰ类	Ⅰ类	Ⅰ类	Ⅰ类
63 ～ 80	Ⅰ类	Ⅰ类	Ⅰ类	Ⅰ类	Ⅰ类	Ⅰ类	Ⅰ类	Ⅰ类

环境质量背景值

指标	最小值	最大值	均值	中位数	标准偏差
pH	3.9	6.4	5.6	5.4	0.5
有机质 /%	0.83	3.48	1.71	1.52	0.88
砷 /（mg/kg）	0.01	2.5	0.7	0.4	0.8
镉 /（mg/kg）	0.04	0.10	0.07	0.07	0.02
铬 /（mg/kg）	8	39	19	19	7
铜 /（mg/kg）	2.7	24.4	6.1	4.1	3.5
汞 /（mg/kg）	0.012	0.038	0.021	0.022	0.008
镍 /（mg/kg）	1.7	15.2	3.7	3.5	1.7
铅 /（mg/kg）	27	48	36	37	7
锌 /（mg/kg）	21	67	35	33	15

注：此表数据均为表层。

10.4 磷质钙质湿润雏形土

10.4.1 晋卿岛系

土族名称：粗骨砂质碳酸盐型高热性－磷质钙质湿润雏形土
拟定者：吴晓晨　杨安富　胡玉麟

分布与环境条件　主要分布于三沙市晋卿岛的碟形洼地，海拔低于 4 m；珊瑚砂和贝壳碎屑母质，林地，以草海桐为主；热带海洋性气候，年均日照时数 2 900 h，气温 29℃，降水量 1 510 mm。

土系特征与变幅　成土过程主要包括生物积累和分解、磷富集及淋溶。诊断层包括淡薄表层和雏形层，诊断特性有高热性土壤温度状况、湿润土壤水分状况、珊瑚砂岩性特征、富磷特性和石灰性。淡薄表层厚度约 10 cm，在其之下为雏形层，厚度约 20 cm。通体 20% ～ 30% 的珊瑚砂和贝壳碎屑，砂土，砂粒含量为 920 ～ 970 g/kg，pH 为 8.3 ～ 9.3。

典型景观

代表性单个土体剖面和整段土壤标本

代表性单个土体　位于三沙市晋卿岛，16.463965° N，111.741589° E，海拔 3.2 m，碟洼盆地，珊瑚砂和贝壳碎屑母质，林地，以草海桐为主。50 cm 深土壤温度为 31.0℃。野外调查时间为 2020 年 7 月 20 日，编号为 JQ-01。

Ah：0 ～ 10 cm，亮黄棕色（10YR 6/6，干），浊黄棕色（10YR 5/4，润），20% 珊瑚砂和贝壳碎屑，砂土，弱发育小块状结构，疏松，少量根系，向下层平滑清晰过渡。

Bw：10 ～ 30 cm，亮黄棕色（10YR 6/6，干），浊黄棕色（10YR 5/4，润），30% 珊瑚砂和贝壳碎屑，砂土，弱发育小块状结构，疏松，较多根系，向下层平滑渐变过渡。

C：30 ～ 100 cm，橙白色（10YR 8/1，干），淡灰色（10YR 7/1，润），30% 珊瑚砂和贝壳碎屑，较多根系，砂土，单粒，无结构。

对比土系 甘泉岛系，同一土族，但质地构型为壤质砂土 - 砂土。

生产性能综述 土薄，粗骨体多，砂性重，强碱性，养分含量总体较高。应保护现有植被和表土，减少人为扰动。

中国土壤分类 磷质石灰土

美国系统分类 Arenic Eutrudepts

世界土壤资源参比基础 Folic Calcaric Cambisols （Arenic, Ochric）

代表性单个土体土壤物理性质

土层	深度 / cm	砾石 /（*V*/ %）	细土颗粒组成 /（g/kg）			质地	容重 /（g/cm³）
			砂粒	粉粒	黏粒		
Ah	0 ～ 10	20	924	54	22	砂土	—
Bw	10 ～ 30	30	946	42	11	砂土	—
C	30 ～ 100	30	968	21	11	砂土	—

注：砾石：＞ 2 mm 石块；砂粒：0.05 ～ 2 mm；粉粒：0.002 ～ 0.05 mm；黏粒：＜ 0.002 mm。

代表性单个土体土壤化学性质

深度 / cm	pH	有机质 /（g/kg）	全氮 /（g/kg）	全磷 /（g/kg）	全钾 /（g/kg）	CEC/（cmol/kg）	可溶性盐 /（g/kg）
0 ～ 10	8.3	37.40	33.23	111.60	0.29	6.76	0.40
10 ～ 30	8.6	21.10	1.34	28.87	0.06	4.73	0.90
30 ～ 100	9.3	3.90	0.28	10.33	0.05	0.35	1.10

土壤重金属环境质量等级

深度 / cm	镉	汞	砷	铅	铬
0 ～ 10	Ⅲ类	Ⅰ类	Ⅰ类	Ⅰ类	Ⅰ类
10 ～ 30	Ⅲ类	Ⅰ类	Ⅰ类	Ⅰ类	Ⅰ类
30 ～ 100	Ⅲ类	Ⅰ类	Ⅰ类	Ⅰ类	Ⅰ类

10.4.2 甘泉岛系

土族名称：粗骨砂质碳酸盐型高热性 - 磷质钙质湿润雏形土

拟定者：李德成 胡玉麟 杨安富

分布与环境条件 主要分布于三沙市甘泉岛的碟形洼地，海拔低于 4 m；珊瑚砂和贝壳碎屑母质，林地，以草海桐为主；热带海洋性气候，年均日照时数 2 900 h，气温 29℃，降水量 1 510 mm。

土系特征与变幅 成土过程主要包括生物积累和分解、磷富集及淋溶。诊断层包括淡薄表层和雏形层，诊断特性有高热性土壤温度状况、湿润土壤水分状况、珊瑚砂岩性特征、富磷特性和石灰性。淡薄表层厚度约 20 cm，在其之下为雏形层，厚度约 40 cm。通体 40% 左右的珊瑚砂和贝壳碎屑，质地构型为壤质砂土 - 砂土，砂粒含量为 850 ～ 930 g/kg，pH 为 8.5 ～ 9.0。

典型景观

代表性单个土体剖面和整段土壤标本

代表性单个土体 位于三沙市甘泉岛，16.502915° N, 111.587057° E，海拔 3.5 m，碟洼盆地，珊瑚砂和贝壳碎屑母质，林地，以草海桐为主。50 cm 深土壤温度为 31.0℃。野外调查时间为 2020 年 7 月 23 日，编号为 GQ-01。

Ah：0 ～ 20 cm，灰白色（2.5Y 8/2，干），淡灰色（2.5Y 7/1，润），40% 珊瑚砂和贝壳碎屑，壤质砂土，弱发育小块状结构，疏松，较多根系，向下层平滑清晰过渡。

Bw：20 ～ 60 cm，浅淡黄色（2.5Y 8/4，干），淡黄色（2.5Y 7/3，润），40% 珊瑚砂和贝壳碎屑，壤质砂土，弱发育小块状结构，疏松，少量根系，向下层平滑渐变过渡。

C：60 ~ 100 cm，浅淡黄色（2.5Y 8/4，干），淡黄色（2.5Y 7/3，润），40% 贝壳碎屑，砂土，单粒，无结构。

对比土系 晋卿岛系，同一土族，但通体质地为砂土。

生产性能综述 土体较厚，粗骨体多，砂性重，强碱性，养分含量低。应保护现有植被和表土，减少人为扰动。

中国土壤分类 磷质石灰土

美国系统分类 Arenic Eutrudepts

世界土壤资源参比基础 Folic Calcaric Cambisols （Arenic, Ochric）

代表性单个土体土壤物理性质

土层	深度 / cm	砾石 /（V/ %）	细土颗粒组成 /（g/kg）			质地	容重 /（g/cm³）
			砂粒	粉粒	黏粒		
Ah	0 ~ 20	40	886	77	37	壤质砂土	—
Bw	20 ~ 60	40	854	103	44	壤质砂土	—
C	60 ~ 100	40	929	49	22	砂土	—

注：砾石：> 2 mm 石块；砂粒：0.05 ~ 2 mm；粉粒：0.002 ~ 0.05 mm；黏粒：< 0.002 mm。

代表性单个土体土壤化学性质

深度 / cm	pH	有机质 /（g/kg）	全氮 /（g/kg）	全磷 /（g/kg）	全钾 /（g/kg）	CEC/（cmol/kg）	可溶性盐 /（g/kg）
0 ~ 20	8.6	14.20	1.01	50.64	0.29	2.04	1.10
20 ~ 60	8.5	52.90	4.68	226.87	0.13	16.20	0.04
60 ~ 100	9.0	8.14	0.46	148.72	0.07	2.14	0.40

土壤重金属环境质量等级

深度 / cm	镉	汞	砷	铅	铬
0 ~ 20	Ⅲ类	Ⅰ类	Ⅰ类	Ⅰ类	Ⅰ类
20 ~ 60	Ⅲ类	Ⅰ类	Ⅰ类	Ⅰ类	Ⅰ类
60 ~ 100	Ⅲ类	Ⅰ类	Ⅰ类	Ⅰ类	Ⅰ类

10.5　腐殖铝质湿润雏形土

朝根系

土族名称：粗骨壤质硅质混合型高热性－腐殖铝质湿润雏形土

拟定者：李德成　杨安富　孟龙威

分布与环境条件　分布于海南中部的低山丘陵，海拔高于 400 m；花岗岩风化物母质，林地或园地；热带海洋性气候，年平均日照时数 2 000 h，气温 22 ～ 23℃，降水量 2 000 ～ 2 100 mm。

土系特征与变幅　成土过程包括腐殖质积累和脱硅富铝，诊断层包括暗瘠表层和雏形层，诊断特性包括高热性土壤温度状况、湿润土壤水分状况、铝质现象和腐殖质特性。土体厚度 1 m 以上，砾石含量低于 10%，暗瘠表层厚约 20 cm，质地构型为壤土 - 砂质黏壤土 - 砂质壤土，砂粒含量为 410 ～ 590 g/kg，pH 为 4.7 ～ 5.1。

典型景观

代表性单个土体剖面和整段土壤标本

代表性单个土体　位于琼中县朝根村，19.096042° N，109.775446° E，海拔 423 m，丘陵坡地中部，花岗岩风化坡积物，次生林地。50 cm 深土壤温度为 26.5℃。野外调查时间为 2020 年 12 月 29 日，编号为 46-2020-032。

Ah1：0 ～ 20 cm，灰黄棕色（10YR 5/2，干），黑棕色（10YR 3/1，润），2% 岩石碎屑，壤土，团粒结构，松散，向下层渐变波状过渡。

Ah2：20 ～ 40 cm，灰黄棕色（10YR 5/2，干），黑棕色（10YR 3/1，润），2% 岩石碎屑，壤土，团粒 - 小块状结构，松散 - 稍坚实，向下层清晰平滑过渡。

Bw：40 ～ 60 cm，亮黄棕色（10YR 7/6，干），浊黄棕色（10YR 5/4，润），5% 岩石碎屑，砂质黏壤土，小块状结构，坚实，向下层渐变波状过渡。

BC：60 ～ 90 cm，亮黄棕色（10YR 7/6，干），浊黄棕色（10YR 5/4，润），5% 岩石碎屑，砂质壤土，小块状结构，坚实，向下层渐变波状过渡。

C：90 ～ 100 cm，半风化体。

对比土系 阜龙系，同一土纲不同亚纲，为常湿雏形土；大许系和奇地系，同一亚纲不同土类，为铁质湿润雏形土。

生产性能综述 土体较厚，耕层质地适中，耕性和通透性较好，酸性较强，养分含量总体较高。应保护现有植被，防止水土流失。

中国土壤分类 黄壤性土

美国系统分类 Humic Dystrudepts

世界土壤资源参比基础 Alic Histic Umbrisols or Cambisols

代表性单个土体土壤物理性质

土层	深度 / cm	砾石 /（V/ %）	细土颗粒组成 /（g/kg）			质地	容重 /（g/cm³）
			砂粒	粉粒	黏粒		
Ah1	0 ～ 20	2	419	335	246	壤土	1.2
Ah2	20 ～ 40	2	457	323	219	壤土	1.2
Bw	40 ～ 60	5	511	245	243	砂质黏壤土	1.3
BC	60 ～ 90	5	582	224	194	砂质壤土	1.5

注：砾石：＞ 2 mm 石块；砂粒：0.05 ～ 2 mm；粉粒：0.002 ～ 0.05 mm；黏粒：＜ 0.002 mm。

代表性单个土体土壤化学性质

深度 / cm	pH	有机质 /（g/kg）	全氮 /（g/kg）	碱解氮 /（mg/kg）	速效磷 /（mg/kg）	速效钾 /（mg/kg）	CEC/（cmol/kg）	游离铁 /（g/kg）
0 ～ 20	4.7	37.90	0.16	144	17.3	224	16.4	15.23
20 ～ 40	4.8	42.30	0.15	177	16.9	94.7	14.9	28.70
40 ～ 60	5.0	17.30	0.08	79	15.9	47.6	10.2	15.92
60 ～ 90	5.1	9.66	0.05	47	15.6	24.0	15.8	17.79

代表性单个土体环境质量等级

深度 /cm	铬	镍	铜	锌	镉	铅	汞	砷
0 ～ 20	Ⅰ类	Ⅰ类	Ⅰ类	Ⅰ类	Ⅰ类	Ⅰ类	Ⅰ类	Ⅰ类
20 ～ 40	Ⅰ类	Ⅰ类	Ⅰ类	Ⅰ类	Ⅰ类	Ⅰ类	Ⅰ类	Ⅰ类
40 ～ 60	Ⅰ类	Ⅰ类	Ⅰ类	Ⅰ类	Ⅰ类	Ⅰ类	Ⅰ类	Ⅰ类
60 ～ 90	Ⅰ类	Ⅰ类	Ⅰ类	Ⅰ类	Ⅰ类	Ⅰ类	Ⅰ类	Ⅰ类

环境质量背景值

指标	最小值	最大值	均值	中位数	标准偏差
pH	4.6	5.7	5.2	5.2	0.3
有机质 /%	1.67	3.79	2.45	2.42	0.46
砷 /（mg/kg）	0.5	1.3	1.0	1.0	0.3
镉 /（mg/kg）	0.03	0.08	0.05	0.05	0.02
铬 /（mg/kg）	3	40	17	10	15
铜 /（mg/kg）	1.6	9.6	4.1	4.3	1.9
汞 /（mg/kg）	0.016	0.068	0.039	0.037	0.017
镍 /（mg/kg）	0.7	18.9	4.4	2.4	4.1
铅 /（mg/kg）	24	39	32	33	5
锌 /（mg/kg）	34	91	43	43	9

注：此表数据均为表层。

10.6 红色铁质湿润雏形土

10.6.1 大许系

土族名称：粗骨砂质硅质混合型酸性高热性－红色铁质湿润雏形土

拟定者：杨安富　孟龙威　董璐

分布与环境条件　分布于海南北部洪 - 冲积平原，海拔低于 20 m；洪 - 冲积物母质，次生林地；热带海洋性气候，年平均日照时数 1 900 h，气温 21 ～ 22℃，降水量 1 600 ～ 1 800 mm。

土系特征与变幅　成土过程包括腐殖质积累和脱硅富铁铝，诊断层包括淡薄表层和雏形层，诊断特性包括高热性土壤温度状况、湿润土壤水分状况和铁质特性。土体厚度 1 m 以下，淡薄表层厚约 20 cm，约 30 cm 以下为母质层，砾石含量为 10% ～ 80%，质地构型为砂质壤土，砂粒含量为 670 ～ 710 g/kg，pH 为 4.6 ～ 5.1。

典型景观

代表性单个土体剖面和整段土壤标本

代表性单个土体 位于儋州市中和镇大许村，19.748826° N，109.408239° E，海拔 14 m，洪 - 冲积平原，洪 - 冲积物母质，次生林地。50 cm 深土壤温度为 26.3℃。野外调查时间为 2020 年 11 月 10 日，编号为 46-2020-014。

Ah：0 ～ 18 cm，亮红棕色（5YR 5/6，干），浊红棕色（5YR 4/4，润），10% 岩石碎屑，砂质壤土，屑粒结构，松散，向下层清晰平滑过渡。

Bw：18 ～ 28 cm，亮红棕色（5YR 5/6，干），浊红棕色（5YR 4/4，润），30% 岩石碎屑，砂质壤土，小块状结构，稍坚实，向下层渐变波状过渡。

C：28 ～ 100 cm，半风化体。

对比土系 奇地系，同一亚类不同土族，为砂质。

生产性能综述 土体薄，砾石多，表层质地适中，耕性和通透性较好，酸性较强，养分含量总体较低。应适度深耕，增施有机肥和复合肥，保护现有植被，提高地表草灌覆盖度。

中国土壤分类 黄棕壤性土

美国系统分类 Oxic Dystrudepts

世界土壤资源参比基础 Dystric Skeletic Rhodic Cambisols （Loamic，Ferric，Ochric）

代表性单个土体土壤物理性质

土层	深度 / cm	砾石 / （V/ %）	细土颗粒组成 / （g/kg）			质地	容重 / （g/cm³）
			砂粒	粉粒	黏粒		
Ah	0 ～ 18	10	672	205	123	砂质壤土	1.5
Bw	18 ～ 28	30	676	176	148	砂质壤土	—
C	28 ～ 100	80	702	121	177	砂质壤土	—

注：砾石：＞ 2 mm 石块；砂粒：0.05 ～ 2 mm；粉粒：0.002 ～ 0.05 mm；黏粒：＜ 0.002 mm。

代表性单个土体土壤化学性质

深度 / cm	pH	有机质 / （g/kg）	全氮 / （g/kg）	碱解氮 / （mg/kg）	速效磷 / （mg/kg）	速效钾 / （mg/kg）	CEC/ （cmol/kg）	游离铁 / （g/kg）
0 ～ 18	5.1	9.49	0.05	41	19.5	31.3	2.0	10.08
18 ～ 28	4.6	4.76	0.04	30	19.4	25.8	2.5	12.88
28 ～ 100	4.6	3.26	0.04	31	21.6	24.3	4.2	20.19

代表性单个土体环境质量等级

深度 /cm	铬	镍	铜	锌	镉	铅	汞	砷
0 ～ 18	Ⅰ类	Ⅰ类	Ⅰ类	Ⅰ类	Ⅰ类	Ⅰ类	Ⅰ类	Ⅰ类
18 ～ 28	Ⅰ类	Ⅰ类	Ⅰ类	Ⅰ类	Ⅰ类	Ⅰ类	Ⅰ类	Ⅰ类
28 ～ 100	Ⅰ类	Ⅰ类	Ⅰ类	Ⅰ类	Ⅰ类	Ⅰ类	Ⅰ类	Ⅰ类

环境质量背景值

指标	最小值	最大值	均值	中位数	标准偏差
pH	3.6	6.9	5.7	5.7	0.8
有机质 /%	0.36	2.10	0.94	0.88	0.57
砷 /（mg/kg）	0.1	5.2	2.0	1.9	1.4
镉 /（mg/kg）	0.02	0.26	0.10	0.09	0.06
铬 /（mg/kg）	8	363	52	21	84
铜 /（mg/kg）	2.1	57.3	12.2	6.5	13.4
汞 /（mg/kg）	0.014	0.063	0.033	0.029	0.016
镍 /（mg/kg）	2.3	188.0	23.1	6.4	45.3
铅 /（mg/kg）	4	43	15	14	9
锌 /（mg/kg）	5	101	45	40	29

注：此表数据均为表层。

10.6.2 奇地系

土族名称：砂质硅质混合型非酸性高热性－红色铁质湿润雏形土

拟定者：杨安富　孟龙威　吴克富

分布与环境条件　分布于海南北部台地，海拔低于 20 m；玄武岩风化物母质，林地；热带海洋性气候，年平均日照时数 1 900 h，气温 22 ～ 23℃，降水量 1 700 ～ 1 900 mm。

土系特征与变幅　成土过程包括腐殖质积累和脱硅富铁铝，诊断层包括淡薄表层和雏形层，诊断特性包括高热性土壤温度状况、湿润土壤水分状况和铁质特征。土体厚度 1 m 以下，淡薄表层厚约 20 cm，雏形层厚 40 cm 以上，通体砾石含量低于 10%，质地构型为砂质壤土 - 砂质黏壤土 - 砂质壤土，砂粒含量为 560 ～ 800 g/kg，pH 为 6.0 ～ 6.7。

典型景观

代表性单个土体剖面和整段土壤标本

代表性单个土体 位于临高县临城镇奇地村，19.983986° N，109.704672° E，海拔 12 m，台地，玄武岩风化物母质，桉树林。50 cm 深土壤温度为 26.2℃。野外调查时间为 2020 年 10 月 21 日，编号为 46-2020-015。

Ap：0 ～ 20 cm，浊红棕色（2.5YR 4/4，干），暗红棕色（2.5YR 3/2，润），砂质壤土，屑粒结构，松散，中量铁锰结核，向下层清晰平滑过渡。

AB：20 ～ 38 cm，浊红棕色（2.5YR 4/4，干），暗红棕色（2.5YR 3/2，润），砂质黏壤土，小块状结构，稍坚实，土体中有大量铁锰结核，向下层渐变波状过渡。

Bw1：38 ～ 58 cm，浊红棕色（2.5YR 4/4，干），暗红棕色（2.5YR 3/2，润），砂质黏壤土，小块状结构，稍坚实，向下层渐变波状过渡。

Bw2：58 ～ 78 cm，浊红棕色（2.5YR 4/4，干），暗红棕色（2.5YR 3/2，润），砂质壤土，小块状结构，稍坚实，向下层清晰平滑过渡。

C：78 ～ 120 cm，半风化体。

对比土系 大许系，同一亚类不同土族，为粗骨砂质。

生产性能综述 土体较厚，质地适中，耕性和通透性好，pH 呈中性，养分含量总体偏低，应保护现有植被，增施有机肥和复合肥。

中国土壤分类 黄棕壤性土

美国系统分类 Dystrudepts

世界土壤资源参比基础 Eutric Cambisols （Loamic，Ferric，Ochric）

代表性单个土体土壤物理性质

土层	深度 / cm	砾石 /（*V*/ %）	细土颗粒组成 /（g/kg）			质地	容重 /（g/cm³）
			砂粒	粉粒	黏粒		
Ap	0 ～ 20	0	651	168	181	砂质壤土	1.3
AB	20 ～ 38	0	564	232	204	砂质黏壤土	1.4
Bw1	38 ～ 58	0	569	228	203	砂质黏壤土	1.3
Bw2	58 ～ 78	0	797	70	133	砂质壤土	1.3

注：砾石：＞ 2 mm 石块；砂粒：0.05 ～ 2 mm；粉粒：0.002 ～ 0.05 mm；黏粒：＜ 0.002 mm。

代表性单个土体土壤化学性质

深度 / cm	pH	有机质 /（g/kg）	全氮 /（g/kg）	碱解氮 /（mg/kg）	速效磷 /（mg/kg）	速效钾 /（mg/kg）	CEC/（cmol/kg）	游离铁 /（g/kg）
0 ～ 20	6.0	15.2	0.09	60	18.6	35.5	8.3	21.6
20 ～ 38	6.5	9.45	0.05	33	17.8	18.5	12.4	28.6
38 ～ 58	6.7	10.9	0.06	40	17.8	19.2	8.2	24.6
58 ～ 78	6.6	10.4	0.06	36	18.0	18.0	12.7	20.9

代表性单个土体环境质量等级

深度 /cm	铬	镍	铜	锌	镉	铅	汞	砷
0 ～ 20	Ⅱ类	Ⅱ类	Ⅱ类	Ⅰ类	Ⅰ类	Ⅰ类	Ⅰ类	Ⅰ类
20 ～ 38	Ⅱ类	Ⅱ类	Ⅱ类	Ⅰ类	Ⅰ类	Ⅰ类	Ⅰ类	Ⅰ类
38 ～ 58	Ⅰ类	Ⅱ类	Ⅱ类	Ⅰ类	Ⅰ类	Ⅰ类	Ⅰ类	Ⅰ类
58 ～ 78	Ⅰ类	Ⅱ类	Ⅱ类	Ⅰ类	Ⅰ类	Ⅰ类	Ⅰ类	Ⅰ类

环境质量背景值

指标	最小值	最大值	均值	中位数	标准偏差
pH	4.4	8.2	5.8	5.5	0.9
有机质 /%	0.53	10.68	2.69	1.74	3.35
砷 /（mg/kg）	0.5	5.7	1.9	1.6	1.7
镉 /（mg/kg）	0.02	0.35	0.13	0.10	0.10
铬 /（mg/kg）	10	408	199	207	136
铜 /（mg/kg）	1.3	100.0	48.0	56.1	31.2
汞 /（mg/kg）	0.010	0.127	0.057	0.051	0.036
镍 /（mg/kg）	2.9	153.0	82.4	92.2	52.2
铅 /（mg/kg）	3	35	15	12	9
锌 /（mg/kg）	4	196	91	105	59

注：此表数据均为表层。

第十一章 新成土

11.1 高热干润砂质新成土

11.1.1 四更系

土族名称：硅质型酸性高热性－高热干润砂质新成土

拟定者：吴晓晨　杨安富　孟龙威

分布与环境条件　分布于海南西部滨海平原，海拔低于 10 m；海相沉积物母质，旱地，种植番薯或玉米；热带海洋性气候，年平均日照时数 2 100 h，气温 22 ～ 23℃，降水量 1 600 ～ 1 700 mm。

土系特征与变幅　成土过程包括旱耕熟化，诊断层包括淡薄表层，诊断特性包括高热土壤温度状况、半干润土壤水分状况和砂质沉积物岩性特征。土体厚度 1 m 以上，淡薄表层厚约 20 cm，通体为砂土，砂粒含量高于 950 g/kg，40 cm 以下有少量铁锰斑纹，pH 为 5.1 ～ 5.7。

典型景观

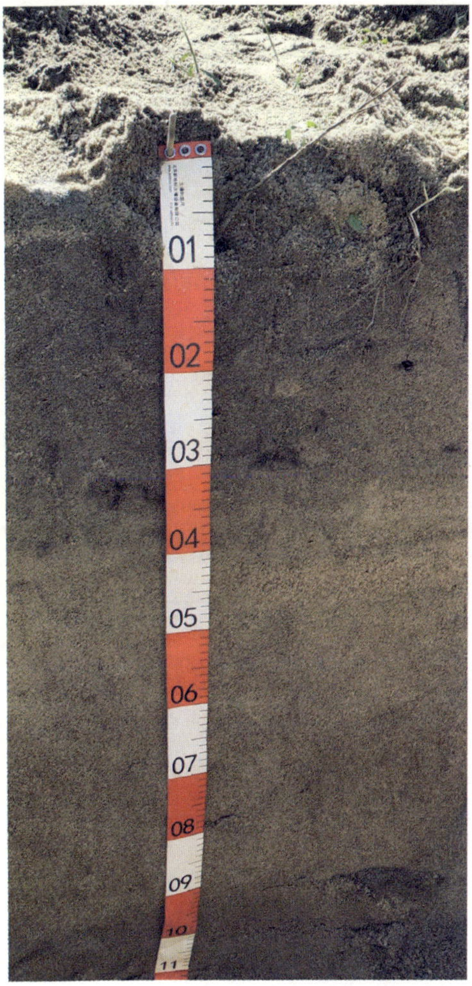

代表性单个土体剖面和整段土壤标本

代表性单个土体　位于东方市四更镇沙村，19.245675° N，108.660284° E，海拔 6 m，滨海平原地带，海相沉积物母质，旱地，种植番薯。50 cm 深土壤温度为 26.7℃。野外调查时间为 2020 年 11 月 18 日，编号为 46-2020-037。

Ap：0 ～ 20 cm，棕灰色（10YR 6/1，干），棕灰色（10YR 4/1，润），砂土，弱团粒结构，稍坚实，向下层清晰平滑过渡。

AC：20 ～ 35 cm，棕灰色（10YR 6/1，干），棕灰色（10YR 4/1，润），砂土，单粒 - 弱团粒结构，松散 - 稍紧实，向下层清晰平滑过渡。

Cr1：35 ～ 67 cm，浊黄橙色（10YR 7/2，干），灰黄棕色（10YR 6/2，润），砂土，单粒，无结构，松散，可见少量铁锰斑纹，向下层渐变波状过渡。

Cr2：67 ～ 110 cm，灰黄棕色（10YR 6/2，干），棕灰色（10YR 4/1，润），砂土，单粒，无结构，松散，可见少量铁锰斑纹。

对比土系 罗带系，空间位置相近，地形部位和母质一致，同一亚类不同土族，为非酸性。

生产性能综述 土体较厚，耕层较厚，质地砂，耕性和通透性好，偏酸，养分含量总体低，应增施有机肥和复合肥。

中国土壤分类 冲积土

美国系统分类 Ustifluvents

世界土壤资源参比基础 Dystric Orthofluvic Fluvisols （Arenic，Ochric）

代表性单个土体土壤物理性质

土层	深度 / cm	砾石 /（V/ %）	细土颗粒组成 /（g/kg）			质地	容重 /（g/cm³）
			砂粒	粉粒	黏粒		
Ap	0 ～ 20	0	953	11	36	砂土	1.4
AC	20 ～ 35	0	950	24	25	砂土	1.5
Cr1	35 ～ 67	0	979	2	19	砂土	1.5
Cr2	67 ～ 110	0	981	0	19	砂土	1.5

注：砾石：＞ 2 mm 石块；砂粒：0.05 ～ 2 mm；粉粒：0.002 ～ 0.05 mm；黏粒：＜ 0.002 mm。

代表性单个土体土壤化学性质

深度 / cm	pH	有机质 /（g/kg）	全氮 /（g/kg）	碱解氮 /（mg/kg）	速效磷 /（mg/kg）	速效钾 /（mg/kg）	CEC/（cmol/kg）	游离铁 /（g/kg）
0 ～ 20	5.7	5.82	0.03	57	55.1	51.0	0.8	0.61
20 ～ 35	5.4	1.56	0.02	50	34.4	26.8	0.5	0.78
35 ～ 67	5.1	0.62	0.01	10	48.7	29.7	0.5	0.91
67 ～ 110	5.1	6.35	0.01	14	41.8	24.9	0.3	1.24

代表性单个土体环境质量等级

深度 /cm	铬	镍	铜	锌	镉	铅	汞	砷
0 ～ 20	Ⅰ类	Ⅰ类	Ⅰ类	Ⅰ类	Ⅰ类	Ⅰ类	Ⅰ类	Ⅰ类
20 ～ 35	Ⅰ类	Ⅰ类	Ⅰ类	Ⅰ类	Ⅰ类	Ⅰ类	Ⅰ类	Ⅰ类
35 ～ 67	Ⅰ类	Ⅰ类	Ⅰ类	Ⅰ类	Ⅰ类	Ⅰ类	Ⅰ类	Ⅰ类
67 ～ 110	Ⅰ类	Ⅰ类	Ⅰ类	Ⅰ类	Ⅰ类	Ⅰ类	Ⅰ类	Ⅰ类

环境质量背景值

指标	最小值	最大值	均值	中位数	标准偏差
pH	5.7	7.8	6.4	6.2	0.7
有机质 /%	0.03	1.05	0.66	0.86	0.42
砷 /（mg/kg）	0.9	4.0	3.2	3.2	1.0
镉 /（mg/kg）	0.01	0.19	0.04	0.04	0.02
铬 /（mg/kg）	9	18	14	13	3
铜 /（mg/kg）	2.4	9.2	4.5	3.3	2.7
汞 /（mg/kg）	0.004	0.034	0.017	0.012	0.011
镍 /（mg/kg）	1.4	4.7	2.5	1.9	1.4
铅 /（mg/kg）	15	30	22	21	5
锌 /（mg/kg）	10	42	20	16	12

注：此表数据均为表层。

11.1.2 罗带系

土族名称：硅质型非酸性高热性 - 高热干润砂质新成土

拟定者：吴晓晨　杨安富　孟龙威

分布与环境条件　分布于海南西部滨海平原，海拔低于 20 m；海相沉积物母质，旱地，种植蔬菜或玉米；热带海洋性气候，年平均日照时数 1 900 h，气温 21 ～ 23℃，降水量 1 700 ～ 1 900 mm。

土系特征与变幅　成土过程包括旱耕熟化，诊断层包括淡薄表层，诊断特性包括高热性土壤温度状况、半干润土壤水分状况和砂质沉积物岩性特征。土体厚度 1 m 以上，淡薄表层厚 15 ～ 20 cm，通体砂土，砂粒含量高于 930 g/kg，pH 为 6.9 ～ 7.1。

典型景观

代表性单个土体剖面和整段土壤标本

代表性单个土体 位于东方市罗带村下红兴村，19.068342° N，109.196611° E，海拔 13 m，滨海平原，海相沉积物母质，旱地，种植玉米。50 cm 深土壤温度为 26.9℃。野外调查时间为 2020 年 11 月 16 日，编号为 46-2020-012。

Ah：0 ～ 16 cm，棕色（10YR 5/3，干），浅黑棕色（10YR 4/2，润），砂土，团粒结构，松散，向下层渐变波状过渡。

AC：16 ～ 32 cm，棕色（10YR 5/3，干），浅黑棕色（10YR 4/2，润），砂土，单粒 - 小块状结构，稍坚实，向下层渐变波状过渡。

C：32 ～ 120 cm，黄棕色（10YR 7/4，干），棕色（10YR 5/3，润），砂土，单粒，无结构，向下层渐变波状过渡。

对比土系 四更系，地理位置相近，地形部位和母质一致，同一亚类不同土族，为酸性。

生产性能综述 土体较厚，耕层偏浅，质地砂，耕性和通透性好，pH 适中，养分含量总体低。应适度深耕，增施有机肥和复合肥。

中国土壤分类 冲积土

美国系统分类 Ustifluvents

世界土壤资源参比基础 Dystric Orthofluvic Fluvisols（Arenic，Ochric）

代表性单个土体土壤物理性质

土层	深度 / cm	砾石 /（V/ %）	细土颗粒组成 /（g/kg）			质地	容重 /（g/cm³）
			砂粒	粉粒	黏粒		
Ah	0 ～ 16	0	938	53	9	砂土	1.5
AC	16 ～ 32	0	982	13	5	砂土	1.4
C	32 ～ 120	0	985	14	1	砂土	1.4

注：砾石：＞ 2 mm 石块；砂粒：0.05 ～ 2 mm；粉粒：0.002 ～ 0.05 mm；黏粒：＜ 0.002 mm。

代表性单个土体土壤化学性质

深度 / cm	pH	有机质 /（g/kg）	全氮 /（g/kg）	碱解氮 /（mg/kg）	速效磷 /（mg/kg）	速效钾 /（mg/kg）	CEC/（cmol/kg）	游离铁 /（g/kg）
0 ～ 16	6.9	1.98	0.05	35	32.3	133	1.8	1.93
16 ～ 32	7.1	1.62	0.06	8	22.5	49.5	0.9	1.81
32 ～ 120	6.9	1.14	0.01	4	22.1	25.4	0.7	1.50

代表性单个土体环境质量等级

深度 / cm	铬	镍	铜	锌	镉	铅	汞	砷
0 ～ 16	Ⅰ类	Ⅰ类	Ⅰ类	Ⅰ类	Ⅰ类	Ⅰ类	Ⅰ类	Ⅰ类
16 ～ 32	Ⅰ类	Ⅰ类	Ⅰ类	Ⅰ类	Ⅰ类	Ⅰ类	Ⅰ类	Ⅰ类
32 ～ 120	Ⅰ类	Ⅰ类	Ⅰ类	Ⅰ类	Ⅰ类	Ⅰ类	Ⅰ类	Ⅰ类

环境质量背景值

指标	最小值	最大值	均值	中位数	标准偏差
pH	4.6	7.2	5.3	5.1	0.7
有机质 /%	0.14	5.72	3.04	2.64	1.85
砷 /（mg/kg）	0.8	8.5	2.4	1.2	2.8
镉 /（mg/kg）	0.03	0.10	0.06	0.06	0.03
铬 /（mg/kg）	5	37	17	9	12
铜 /（mg/kg）	1.8	10.7	5.9	4.8	3.5
汞 /（mg/kg）	0.004	0.082	0.045	0.048	0.023
镍 /（mg/kg）	1.2	8.1	4.1	3.4	2.5
铅 /（mg/kg）	15	43	25	23	9
锌 /（mg/kg）	10	50	35	38	14

注：此表数据均为表层。

11.2 普通湿润砂质新成土

临城系

土族名称：硅质型酸性高热性－普通湿润砂质新成土

拟定者：李德成 吴晓晨 孟龙威

分布与环境条件 分布于海南北部滨海平原，海拔低于 20 m；海相沉积物母质，林地；热带海洋性气候，年平均日照时数 1 900 h，气温 21 ～ 22℃，降水量 1 700 ～ 1 800 mm。

土系特征与变幅 成土过程包括生物积累，诊断层包括淡薄表层，诊断特性包括高热性土壤温度状况、湿润土壤水分状况和砂质沉积物岩性特征。土体厚度 1 m 以下，淡薄表层厚约 10 cm，通体为砂土，砂粒含量高于 900 g/kg，pH 低于 5.5。

典型景观

代表性单个土体剖面和整段土壤标本

代表性单个土体 位于临高县临城镇银新村，19.997569° N，109.705767° E，海拔 11 m，滨海平原，桉树林。50 cm 深土壤温度为 26.2℃。野外调查时间为 2020 年 10 月 22 日，编号为 46-2020-049。

Ah：0 ～ 10 cm，浊红棕色（5YR 4/4，干），暗红棕色（5YR 3/2，润），砂土，弱团粒结构，稍紧实，向下层渐变波状过渡。

AC：10 ～ 28 cm，浊红棕色（5YR 4/4，干），暗红棕色（5YR 3/2，润），砂土，单粒，无结构，向下层渐变波状过渡。

C：28 ～ 120 cm，浊红棕色（5YR 4/4，干），暗红棕色（5YR 3/2，润），砂土，单粒，无结构。

对比土系 四更系和罗带系，地形部位和母质一致，同一亚纲不同土类，但气候较干，为干润砂质新成土。北坡系，地形部位较低，同一土纲不同亚纲，为冲积新成土。

生产性能综述 土体较浅，表层较薄，质地偏砂，耕性和通透性较好，酸性较强，养分含量总体偏低，应适度深耕，增施有机肥和磷钾肥，保护现有植被。

中国土壤分类 冲积土

美国系统分类 Udifluvents

世界土壤资源参比基础 Dystric Orthofluvic Fluvisols（Arenic，Ochric）

代表性单个土体土壤物理性质

土层	深度 / cm	砾石 /（V/ %）	细土颗粒组成 /（g/kg）			质地	容重 /（g/cm³）
			砂粒	粉粒	黏粒		
Ah	0 ～ 10	0	904	55	42	砂土	1.4
AC	10 ～ 28	0	953	30	17	砂土	1.6
C	28 ～ 120	0	955	20	25	砂土	1.5

注：砾石：＞ 2 mm 石块；砂粒：0.05 ～ 2 mm；粉粒：0.002 ～ 0.05 mm；黏粒：＜ 0.002 mm。

代表性单个土体土壤化学性质

深度 / cm	pH	有机质 /（g/kg）	全氮 /（g/kg）	碱解氮 /（mg/kg）	速效磷 /（mg/kg）	速效钾 /（mg/kg）	CEC/（cmol/kg）	游离铁 /（g/kg）
0 ～ 10	5.4	12.2	0.06	51	21.1	17.4	2.6	14.9
10 ～ 28	5.4	1.93	0.01	12	24.1	0.5	0.7	4.68
28 ～ 120	5.4	1.76	0.01	7	28.9	7.7	0.5	4.41

代表性单个土体环境质量等级

深度 / cm	铬	镍	铜	锌	镉	铅	汞	砷
0 ～ 10	Ⅰ类	Ⅰ类	Ⅰ类	Ⅰ类	Ⅰ类	Ⅰ类	Ⅰ类	Ⅰ类
10 ～ 28	Ⅰ类	Ⅰ类	Ⅰ类	Ⅰ类	Ⅰ类	Ⅰ类	Ⅰ类	Ⅰ类
28 ～ 120	Ⅰ类	Ⅰ类	Ⅰ类	Ⅰ类	Ⅰ类	Ⅰ类	Ⅰ类	Ⅰ类

环境质量背景值

指标	最小值	最大值	均值	中位数	标准偏差
pH	4.6	6.2	5.3	5.1	0.7
有机质 /%	1.14	5.72	3.04	2.64	1.85
砷 /（mg/kg）	0.8	8.5	2.4	1.2	2.8
镉 /（mg/kg）	0.03	0.10	0.06	0.06	0.03
铬 /（mg/kg）	5	167	17	9	12
铜 /（mg/kg）	1.8	36.7	5.9	4.8	3.5
汞 /（mg/kg）	0.020	0.182	0.045	0.048	0.023
镍 /（mg/kg）	1.2	70.1	4.1	3.4	2.5
铅 /（mg/kg）	15	43	25	23	9
锌 /（mg/kg）	10	50	35	38	14

注：此表数据均为表层。

11.3 普通潮湿冲积新成土

北坡系

土族名称：砂质硅质型非酸性高热性－普通潮湿冲积新成土
拟定者：吴晓晨　杨安富　孟龙威

分布与环境条件　分布于海南东部海相冲积平原，海拔低于 20 m；海相沉积物母质，滩涂；热带海洋性气候，年平均日照时数 2 000 h，气温 23 ～ 24℃，降水量 1 800 ～ 2 000 mm。

土系特征与变幅　成土过程包括生物积累和氧化还原，诊断层包括淡薄表层，诊断特性包括高热性土壤温度状况、潮湿土壤水分状况和砂质沉积物岩性特征。土体厚度 1 m 以上，淡薄表层厚 10 ～ 15 cm，通体为砂土，砂粒含量高于 980 g/kg，下部土体可见少量铁锰斑纹，通体 pH 为 8.6 ～ 9.2。

典型景观

代表性单个土体剖面和整段土壤标本

代表性单个土体 位于万宁市北坡镇乌场村，18.768380° N，110.488302° E，海拔 12 m，海相冲积平原，荒地。50 cm 深土壤温度为 27.1℃。野外调查时间为 2020 年 12 月 12 日，编号为 46-2020-001。

Ah：0 ～ 10 cm，浊黄橙色（10YR 6/4，干），灰黄棕色（10YR 4/2，润），砂土，弱团粒结构，稍紧实，向下层清晰平滑过渡。

AC1：10 ～ 32 cm，浊黄橙色（10YR 6/4，干），灰黄棕色（10YR 4/2，润），砂土，单粒，无结构，松散，向下层清晰平滑过渡。

AC2：32 ～ 53 cm，浊黄橙色（10YR 6/4，干），灰黄棕色（10YR 4/2，润），砂土，单粒，无结构，松散，可见少量铁锰斑纹，向下层清晰平滑过渡。

C：53 ～ 120 cm，浊黄橙色（10YR 6/4，干），灰黄棕色（10YR 4/2，润），砂土，单粒，无结构，松散，可见少量铁锰斑纹。

对比土系 临城系，母质一致，但地形部位略高，同一亚纲不同土类，为湿润砂质新成土。

生产性能综述 土体较浅，表层薄，质地为砂，耕性较差，通透性良好，碱性，养分含量低，应保护现有植被，加大植被高度，防止水土流失。

中国土壤分类 冲积土

美国系统分类 Udifluvents

世界土壤资源参比基础 Dystric Orthofluvic Fluvisols（Arenic，Ochric）

代表性单个土体土壤物理性质

土层	深度 / cm	砾石 /（V/ %）	细土颗粒组成 /（g/kg）			质地	容重 /（g/cm³）
			砂粒	粉粒	黏粒		
Ah	0 ～ 10	0	989	9	2	砂土	1.4
AC1	10 ～ 32	0	983	7	10	砂土	1.4
AC2	32 ～ 53	0	990	3	7	砂土	1.4
C	53 ～ 120	0	990	2	8	砂土	1.4

注：砾石：＞ 2 mm 石块；砂粒：0.05 ～ 2 mm；粉粒：0.002 ～ 0.05 mm；黏粒：＜ 0.002 mm。

代表性单个土体土壤化学性质

深度 / cm	pH	有机质 /（g/kg）	全氮 /（g/kg）	碱解氮 /（mg/kg）	速效磷 /（mg/kg）	速效钾 /（mg/kg）	CEC/（cmol/kg）	游离铁 /（g/kg）
0 ～ 10	8.6	1.69	0.01	10	22.2	16.6	0.4	2.20
10 ～ 32	9.1	0.92	0.01	2	20.0	16.6	0.4	2.04
32 ～ 53	9.2	0.79	0.01	2	20.1	5.1	0.4	2.49
53 ～ 120	9.2	0.90	0.01	3	20.9	5.8	0.2	1.08

代表性单个土体环境质量等级

深度 /cm	铬	镍	铜	锌	镉	铅	汞	砷
0 ～ 10	Ⅰ类	Ⅰ类	Ⅰ类	Ⅰ类	Ⅰ类	Ⅰ类	Ⅰ类	Ⅰ类
10 ～ 32	Ⅰ类	Ⅰ类	Ⅰ类	Ⅰ类	Ⅰ类	Ⅰ类	Ⅰ类	Ⅰ类
32 ～ 53	Ⅰ类	Ⅰ类	Ⅰ类	Ⅰ类	Ⅰ类	Ⅰ类	Ⅰ类	Ⅰ类
53 ～ 120	Ⅰ类	Ⅰ类	Ⅰ类	Ⅰ类	Ⅰ类	Ⅰ类	Ⅰ类	Ⅰ类

环境质量背景值

指标	最小值	最大值	均值	中位数	标准偏差
pH	5.3	8.7	5.9	5.7	0.7
有机质 /%	0.15	0.78	0.51	0.60	0.32
砷 /（mg/kg）	1.1	6.8	3.2	2.8	2.4
镉 /（mg/kg）	0.03	0.06	0.04	0.04	0.01
铬 /（mg/kg）	12	41	23	15	16
铜 /（mg/kg）	3.2	7.9	5.7	5.4	2.1
汞 /（mg/kg）	0.003	0.056	0.029	0.019	0.024
镍 /（mg/kg）	3.7	19.5	9.0	3.9	9.1
铅 /（mg/kg）	12	43	24	15	17
锌 /（mg/kg）	16	70	35	19	30

注：此表数据均为表层。

11.4 磷质湿润正常新成土

11.4.1 北岛系

土族名称：粗骨质碳酸盐型高热性－磷质湿润正常新成土

拟定者：胡玉麟　孟龙威　杨丽

分布与环境条件　主要分布于三沙市北岛的碟形洼地，海拔低于 3 m；珊瑚砂和贝壳碎屑母质，林地，以草海桐为主；热带海洋性气候，年均日照时数 2 900 h，气温 29℃，降水量 1 510 mm。

土系特征与变幅　成土过程主要包括生物积累和分解、磷富集及淋溶。诊断层包括淡薄表层，诊断特性有高热性土壤温度状况、湿润土壤水分状况、珊瑚砂岩性特征、富磷特性和石灰性。淡薄表层厚度 10 ～ 15 cm，在其之下为母质。通体 50% ～ 90% 的珊瑚砂和贝壳碎屑，砂土，砂粒含量为 940 ～ 1 000 g/kg，pH 为 8.7 ～ 9.2。

典型景观

代表性单个土体剖面和整段土壤标本

代表性单个土体 位于三沙市北岛，16.961592° N，112.314348° E，海拔 2.7 m，碟洼盆地，珊瑚砂和贝壳屑母质，以草海桐为主。50 cm 深土壤温度为 31.0℃。野外调查时间为 2020 年 7 月 18 日，编号为 BD-01。

Ah：0 ～ 13 cm，淡灰色（2.5Y 7/1，干），黄灰色（10YR 6/1，润），50% 珊瑚砂和贝壳碎屑，砂土，弱发育小块状结构，疏松，很多根系，向下层平滑清晰过渡。

AC：13 ～ 30 cm，淡灰色（2.5Y 7/1，干），黄灰色（10YR 6/1，润），90% 珊瑚砂和贝壳碎屑，砂土，疏松，少量根系，向下层平滑渐变过渡。

C：30 ～ 100 cm，灰黄色（2.5Y 6/2，干），黄灰色（10YR 5/1，润），90%

珊瑚砂和贝壳碎屑，砂土，单粒，无结构。

对比土系 南沙洲系，同一土族，植被为草甸。

生产性能综述 土薄，粗骨体多，砂性重，强碱性，养分含量低。应保护现有植被和表土，减少人为扰动。

中国土壤分类 磷质石灰土

美国系统分类 Typic Quartzipsamments

世界土壤资源参比基础 Folic Skeletic Calcaric Regosols （Arenic, Ochric）

代表性单个土体土壤物理性质

土层	深度 / cm	砾石 / （V/ %）	细土颗粒组成 / （g/kg）			质地	容重 / （g/cm³）
			砂粒	粉粒	黏粒		
Ah	0 ～ 13	50	988	10	2	砂土	—
AC	13 ～ 30	90	993	3	4	砂土	—
C	30 ～ 100	90	942	43	14	砂土	—

注：砾石：＞ 2 mm 石块；砂粒：0.05 ～ 2 mm；粉粒：0.002 ～ 0.05 mm；黏粒：＜ 0.002 mm。

代表性单个土体土壤化学性质

深度 / cm	pH	有机质 / （g/kg）	全氮 / （g/kg）	全磷 / （g/kg）	全钾 / （g/kg）	CEC/ （cmol/kg）	可溶性盐 / （g/kg）
0 ～ 13	8.8	15.20	0.86	3.28	0.29	1.83	1.40
13 ～ 30	9.2	4.09	0.32	2.82	0.05	0.24	0.30
30 ～ 100	8.7	10.20	0.69	13.47	0.14	1.27	0.50

土壤重金属环境质量等级

深度 / cm	镉	汞	砷	铅	铬
0 ～ 13	Ⅰ类	Ⅰ类	Ⅰ类	Ⅰ类	Ⅰ类
13 ～ 30	Ⅰ类	Ⅰ类	Ⅰ类	Ⅰ类	Ⅰ类
30 ～ 100	Ⅱ类	Ⅰ类	Ⅰ类	Ⅰ类	Ⅰ类

11.4.2 南沙洲系

土族名称：粗骨质碳酸盐型高热性－磷质湿润正常新成土

拟定者：杨安富 胡玉麟 王登峰

分布与环境条件 主要分布于三沙市南沙洲的碟形洼地，海拔低于 3 m；珊瑚砂和贝壳碎屑母质，草甸；热带海洋性气候，年均日照时数 2 900 h，气温 29℃，降水量 1 510 mm。

土系特征与变幅 成土过程主要包括生物积累和分解、磷富集及淋溶。诊断层包括淡薄表层，诊断特性有高热性土壤温度状况、湿润土壤水分状况、珊瑚砂岩性特征、富磷特性和石灰性。淡薄表层厚度约 20 cm，在其之下为母质。通体 50%～80% 的珊瑚砂和贝壳碎屑，砂土，砂粒含量为 950～990 g/kg，pH 为 8.3～9.2。

典型景观

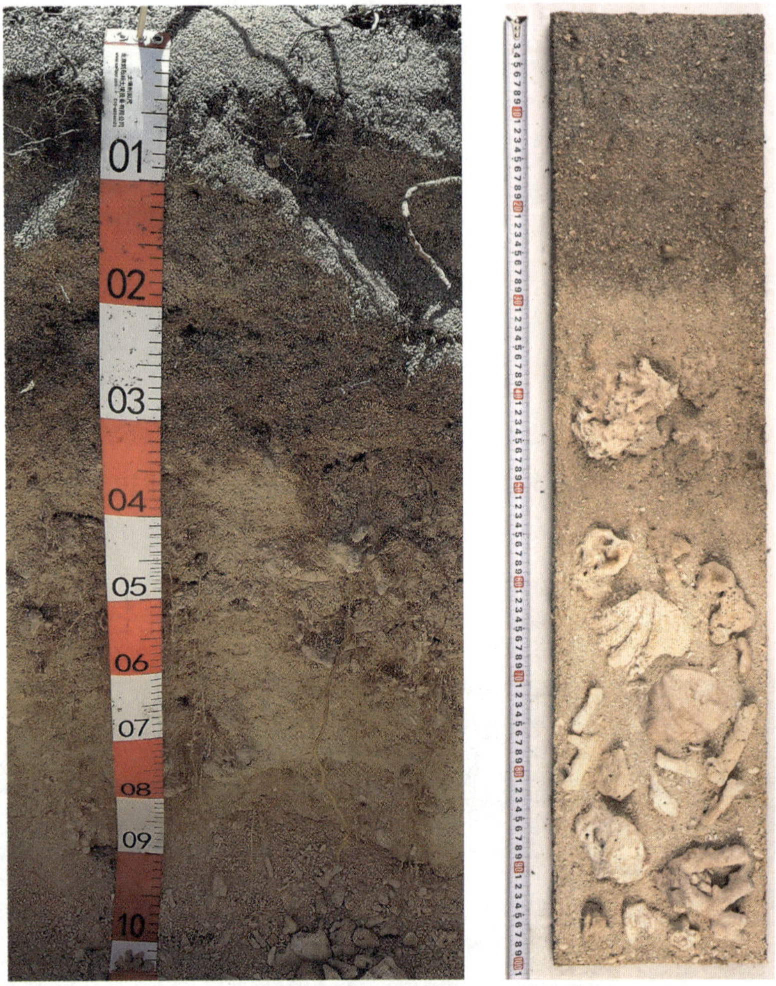

代表性单个土体剖面和整段土壤标本

代表性单个土体 位于三沙市南沙洲，16.929722° N，112.346011° E，海拔 2.5 m，碟洼盆地，珊瑚砂和贝壳碎屑母质，草甸和草海桐。50 cm 深土壤温度为 31.0℃。野外调查时间为 2020 年 7 月 16 日，编号为 NSZ-01。

Ah：0 ～ 20 cm，浊橙色（7.5Y 6/4，干），浊棕色（7.5YR 5/3，润），50% 珊瑚砂和贝壳碎屑，砂土，弱发育小块状结构，疏松，较多根系，向下层平滑清晰过渡。

AC：20 ～ 33 cm，浊橙色（7.5Y 6/4，干），浊棕色（7.5YR 5/3，润），80% 珊瑚砂和贝壳碎屑，砂土，向下层平滑渐变过渡。

C：33 ～ 110 cm，浊橙色（7.5Y 7/4，干），浊棕色（7.5YR 6/3，润），80%

珊瑚砂和贝壳碎屑，砂土。

对比土系 北岛系，同一土族，植被为草海桐。

生产性能综述 土薄，粗骨体多，砂性重，强碱性，养分含量低。应保护现有植被和表土，加大植被覆盖度，减少人为扰动。

中国土壤分类 磷质石灰土

美国系统分类 Typic Quartzipsamments

世界土壤资源参比基础 Folic Rubic Calcaric Arenosols

代表性单个土体土壤物理性质

土层	深度 / cm	砾石 / （V/ %）	细土颗粒组成 / （g/kg）			质地	容重 / （g/cm³）
			砂粒	粉粒	黏粒		
Ah	0 ～ 20	50	985	3	12	砂土	—
AC	20 ～ 33	80	959	33	8	砂土	—
C	33 ～ 110	80	960	35	5	砂土	—

注：砾石：＞ 2 mm 石块；砂粒：0.05 ～ 2 mm；粉粒：0.002 ～ 0.05 mm；黏粒：＜ 0.002 mm。

代表性单个土体土壤化学性质

深度 / cm	pH	有机质 （g/kg）	全氮 / （g/kg）	全磷 / （g/kg）	全钾 / （g/kg）	CEC/ （cmol/kg）	可溶性盐 / （g/kg）
0 ～ 20	9.2	6.68	0.50	5.55	0.10	1.36	0.60
20 ～ 33	8.7	4.15	0.36	58.66	0.14	0.71	1.60
33 ～ 110	8.3	4.58	0.20	2.68	0.06	0.19	0.90

土壤重金属环境质量等级

深度 / cm	镉	汞	砷	铅	铬
0 ～ 20	II 类	I 类	I 类	I 类	I 类
20 ～ 33	III 类	I 类	I 类	I 类	I 类
33 ～ 110	I 类	I 类	I 类	I 类	I 类

11.4.3 赵述岛系

土族名称：粗骨质碳酸盐型高热性－磷质湿润正常新成土

拟定者：胡玉麟　孟龙威　卓奕秀

分布与环境条件　主要分布于三沙市赵述岛的碟形洼地，海拔低于 4 m；珊瑚砂和贝壳碎屑母质，林地，以草海桐为主；热带海洋性气候，年均日照时数 2 900 h，气温 29℃，降水量 1 510 mm。

土系特征与变幅　成土过程主要包括生物积累和分解、磷富集及淋溶。诊断层包括暗沃表层，诊断特性有高热性土壤温度状况、湿润土壤水分状况、珊瑚砂岩性特征、富磷特性和石灰性。暗沃表层厚度约 20 cm，在其之下为母质。通体 50% ～ 90% 的珊瑚砂和贝壳碎屑，质地构型为砂质壤土 - 壤质砂土 - 砂土，砂粒含量为 710 ～ 990 g/kg，pH 为 9.1 ～ 9.4。

典型景观

代表性单个土体剖面和整段土壤标本

代表性单个土体 位于三沙市赵述岛，16.979804° N，112.271433° E，海拔 3.5 m，碟洼盆地，珊瑚砂和贝壳碎屑母质，林地，以草海桐为主。50 cm 深土壤温度为 31.0℃。野外调查时间为 2020 年 7 月 17 日，编号为 ZS-01。

Ah：0 ～ 20 cm，棕灰色（10YR 4/1，干），黑棕色（10YR 3/1，润），50% 珊瑚砂和贝壳碎屑，砂质壤土，弱发育小块状结构，疏松，很多根系，有连续磷磐，向下层平滑清晰过渡。

AC：20 ～ 30 cm，浊黄色（2.5Y 6/3，干），浊黄棕色（10YR 5/3，润），80% 珊瑚砂和贝壳碎屑，壤质砂土，干，弱发育小块状结构，疏松，较多根系，有磷磐，向下层平滑渐变过渡。

C：30～100 cm，浅淡黄色（2.5Y 6/2，干），浊黄橙色（10YR 5/3，润），90% 珊瑚砂和贝壳碎屑，砂土，单粒，无结构。

对比土系 南沙洲系，同一土族，淡薄表层，通体质地为砂土。

生产性能综述 土薄，粗骨体多，砂性重，强碱性。养分含量较高，应保护现有植被和表土，减少人为扰动。

中国土壤分类 磷质石灰土

美国系统分类 Typic Quartzipsamments

世界土壤资源参比基础 Folic Skeletic Calcaric Regosols （Arenic, Humic, Nechic）

代表性单个土体土壤物理性质

土层	深度 / cm	砾石 / （*V*/ %）	细土颗粒组成 / （g/kg）			质地	容重 / （g/cm³）
			砂粒	粉粒	黏粒		
Ah	0～20	50	719	250	30	砂质壤土	—
AC	20～30	80	775	183	42	壤质砂土	—
C	30～100	90	988	8	4	砂土	—

注：砾石：＞2 mm 石块；砂粒：0.05 ～ 2 mm；粉粒：0.002 ～ 0.05 mm；黏粒：＜0.002 mm。

代表性单个土体土壤化学性质

深度 / cm	pH	有机质 / （g/kg）	全氮 / （g/kg）	全磷 / （g/kg）	全钾 / （g/kg）	CEC/ （cmol/kg）	可溶性盐 / （g/kg）
0～20	9.1	306.00	15.10	134.74	0.87	66.70	0.20
20～30	9.4	66.20	12.26	173.47	0.58	15.10	0.60
30～100	9.1	3.62	0.37	8.04	0.05	0.78	5.20

土壤重金属环境质量等级

深度 / cm	镉	汞	砷	铅	铬
0～20	Ⅲ类	Ⅰ类	Ⅰ类	Ⅰ类	Ⅰ类
20～30	Ⅲ类	Ⅰ类	Ⅰ类	Ⅰ类	Ⅰ类
30～100	Ⅱ类	Ⅰ类	Ⅰ类	Ⅰ类	Ⅰ类

11.4.4 永兴岛系

土族名称：粗骨砂质碳酸盐型高热性－磷质湿润正常新成土

拟定者：吴晓晨 杨安富 孟龙威

分布与环境条件 主要分布于三沙市永兴岛的碟形洼地，海拔低于 5 m；珊瑚砂和贝壳碎屑母质，林地，以草海桐为主；热带海洋性气候，年均日照时数 2 900 h，气温 29℃，降水量 1 510 mm。

土系特征与变幅 成土过程主要包括生物积累和分解、磷富集及淋溶。诊断层包括暗沃表层，诊断特性有高热性土壤温度状况、湿润土壤水分状况、珊瑚砂岩性特征、富磷特性和石灰性。暗沃表层厚度 20 ～ 25 cm，在其之下为母质。通体 30% 左右的珊瑚砂和贝壳碎屑，质地构型为砂质壤土 - 砂土，砂粒含量为 720 ～ 970 g/kg，pH 为 8.0 ～ 9.6。

典型景观

代表性单个土体剖面和整段土壤标本

代表性单个土体 位于三沙市永兴岛，16.835393° N，112.337885° E，海拔 4.2 m，碟洼盆地，珊瑚砂和贝壳碎屑母质，林地，以草海桐为主。50 cm 深土壤温度为 31.0℃。野外调查时间为 2020 年 7 月 15 日，编号为 YX-01。

Ah：0 ～ 20 cm，棕灰色（7.5Y 4/1，干），黑棕色（7.5YR 3/1，润），30% 珊瑚砂和贝壳碎屑，砂质壤土，弱发育团粒结构，疏松，很多根系，有少量磷磐，向下层平滑清晰过渡。

AC：20 ～ 40 cm，橙白色（7.5YR 8/2，干），淡棕灰色（7.5YR 7/2，润），30% 珊瑚砂和贝壳碎屑，砂土，弱发育团粒结构，疏松，少量根系，向下层平滑渐变过渡。

C：40 ～ 120 cm，橙色（7.5YR 7/6，干），浊橙色（7.5YR 7/4，润），30% 珊瑚砂和贝壳碎屑，有硫黄味的水渗出，砂土，单粒，无结构。

对比土系 赵述岛系和南沙洲系，同一亚类不同土族，为粗骨质。

生产性能综述 土薄，粗骨体多，砂性重，强碱性，养分总体含量较高。应保护现有植被和表土，减少人为扰动。

中国土壤分类 磷质石灰土

美国系统分类 Typic Quartzipsamments

世界土壤资源参比基础 Subaquatic Folic Calcaric Arenosols （Nechic）

代表性单个土体土壤物理性质

土层	深度 / cm	砾石 / （*V*/ %）	细土颗粒组成 / （g/kg）			质地	容重 / （g/cm³）
			砂粒	粉粒	黏粒		
Ah	0 ～ 20	30	725	244	31	砂质壤土	0.8
AC	20 ～ 40	30	959	21	20	砂土	1.1
C	40 ～ 120	30	967	11	22	砂土	1.2

注：砾石：＞ 2 mm 石块；砂粒：0.05 ～ 2 mm；粉粒：0.002 ～ 0.05 mm；黏粒：＜ 0.002 mm。

代表性单个土体土壤化学性质

深度 / cm	pH	有机质 / （g/kg）	全氮 / （g/kg）	全磷 / （g/kg）	全钾 / （g/kg）	CEC/ （cmol/kg）	可溶性盐 / （g/kg）
0 ～ 20	8.0	128.00	8.00	123.52	0.43	36.30	0.77
20 ～ 40	9.1	9.54	0.78	17.87	0.08	1.58	1.02
40 ～ 120	9.6	7.48	0.34	5.84	0.08	0.46	1.09

土壤重金属环境质量等级

深度 / cm	镉	汞	砷	铅	铬
0 ～ 20	Ⅲ类	Ⅰ类	Ⅰ类	Ⅰ类	Ⅰ类
20 ～ 40	Ⅱ类	Ⅰ类	Ⅰ类	Ⅰ类	Ⅰ类
40 ～ 120	Ⅰ类	Ⅰ类	Ⅰ类	Ⅰ类	Ⅰ类

11.5 钙质湿润正常新成土

甘泉堤系

土族名称：粗骨质碳酸盐型高热性－钙质湿润正常新成土

拟定者：李德成 胡玉麟 杨安富

分布与环境条件 主要分布于三沙市甘泉岛的海堤，海拔低于 4 m；珊瑚砂和贝壳碎屑母质，裸地；热带海洋性气候，年均日照时数 2 900 h，气温 29℃，降水量 1 510 mm。

土系特征与变幅 成土过程主要包括生物积累和分解、磷富集及淋溶。诊断层包括淡薄表层，诊断特性有高热性土壤温度状况、湿润土壤水分状况、珊瑚砂岩性特征和石灰性。淡薄表层厚度约 5 cm，在其之下为母质。通体 50% ～ 90% 的珊瑚砂和贝壳碎屑，砂土，砂粒含量为 980 ～ 990 g/kg，pH 为 9.5 ～ 9.6。

典型景观

代表性单个土体剖面和整段土壤标本

代表性单个土体　位于三沙市甘泉岛，16.508120° N，111.585683° E，海拔 2.7 m，海堤，珊瑚砂和贝壳碎屑母质，裸地。50 cm 深土壤温度为 31.0℃。野外调查时间为 2020 年 7 月 23 日，编号为 GQ-02。

AC：0 ～ 30 cm，浅淡黄色（2.5Y 8/4，干），淡黄色（2.5Y 7/3，润），50% 珊瑚砂和贝壳碎屑，砂土，弱发育小块状结构，疏松，向下层平滑清晰过渡。

C：30 ～ 120 cm，浅淡黄色（2.5Y 8/4，干），淡黄色（2.5Y 7/3，润），90% 珊瑚砂和贝壳碎屑，砂土，单粒，无结构。

对比土系　甘泉岛系，位于同一海岛，但地处碟形盆地，有雏形层，为雏形土。

生产性能综述　土薄，粗骨体多，砂性重，强碱性，养分含量低。应客土种植植被，保护海堤，减少人为扰动。

中国土壤分类 滨海砂土

美国系统分类 Typic Quartzipsamments

世界土壤资源参比基础 Skeletic Calcaric Regosols（Arenic, Ochric, Nechic）

代表性单个土体土壤物理性质

土层	深度 / cm	砾石 / （V/ %）	细土颗粒组成 / （g/kg）			质地	容重 / （g/cm³）
			砂粒	粉粒	黏粒		
AC	0 ～ 30	50	985	8	7	砂土	—
C	30 ～ 120	90	986	5	9	砂土	—

注：砾石：＞ 2 mm 石块；砂粒：0.05 ～ 2 mm；粉粒：0.002 ～ 0.05 mm；黏粒：＜ 0.002 mm。

代表性单个土体土壤化学性质

深度 / cm	pH	有机质 / （g/kg）	全氮 / （g/kg）	全磷 / （g/kg）	全钾 / （g/kg）	CEC/ （cmol/kg）	可溶性盐 / （g/kg）
0 ～ 30	9.6	2.76	0.26	1.08	0.13	9.6	1.40
30 ～ 120	9.5	2.50	0.16	0.90	0.12	9.5	5.10

土壤重金属环境质量等级

深度 / cm	镉	汞	砷	铅	铬
0 ～ 30	Ⅰ类	Ⅰ类	Ⅰ类	Ⅰ类	Ⅰ类
30 ～ 120	Ⅰ类	Ⅰ类	Ⅰ类	Ⅰ类	Ⅰ类

11.6　酸性紫色正常新成土

嘉积系

土族名称：粗骨砂质硅质混合型高热性－酸性紫色正常新成土

拟定者：杨安富　孟龙威　李德成

分布与环境条件　分布于海南东部低丘岗地，海拔 10 ～ 50 m；紫色砂页岩风化坡积物母质，林地；热带海洋性气候，年平均日照时数 2 000 h，气温 22 ～ 24℃，降水量 1 900 ～ 2 000 mm。

土系特征与变幅　成土过程包括腐殖质积累和物理风化，诊断层包括淡薄表层和石质接触面，诊断特性包括高热性土壤温度状况、湿润土壤水分状况、紫色砂页岩岩性特征和石质接触面。土体厚度低于 50 cm，淡薄表层（土体）厚 5 ～ 10 cm，通体砾石含量约 40% 以上，砂质壤土，砂粒含量 620 ～ 780 g/kg，pH 为 4.1 ～ 4.4。

典型景观

代表性单个土体剖面和整段土壤标本

代表性单个土体 位于琼海市嘉积镇黄崖村，19.189472° N，110.505837° E，海拔 23 m，低丘岗地，紫色砂页岩风化坡积物母质，次生林。50 cm 深土壤温度为 26.8℃。野外调查时间为 2020 年 12 月 27 日，编号为 46-2020-054。

Ah：0 ～ 8 cm，灰紫红色（7.5RP 6/4，干），灰红紫色（7.5RP 5/3，润），40% 岩石碎屑，砂质壤土，团粒结构，松散，向下层清晰平滑过渡。

C：8 ～ 40 cm，半风化体。

R：40 ～ 100 cm，基岩。

对比土系 黄崖系和霸王岭系，同一亚纲不同土类，前者为砂岩母质，湿润正常新成土；后者为花岗岩母质，普通湿润正常新成土。

生产性能综述　土体极薄，砾石多，质地适中，耕性和通透性较高，酸性较强，养分含量总体低，应深耕，增施有机肥和复合肥。

中国土壤分类　紫色土

美国系统分类　Udorthents

世界土壤资源参比基础　Dystric Skeletic Regosols（Loamic，Ochric）

代表性单个土体土壤物理性质

土层	深度 / cm	砾石 /（V/ %）	细土颗粒组成 /（g/kg）			质地	容重 /（g/cm³）
			砂粒	粉粒	黏粒		
Ah	0 ～ 8	40	774	103	124	砂质壤土	—
C	8 ～ 40	90	622	190	189	砂质壤土	—

注：砾石：＞ 2 mm 石块；砂粒：0.05 ～ 2 mm；粉粒：0.002 ～ 0.05 mm；黏粒：＜ 0.002 mm。

代表性单个土体土壤化学性质

深度 / cm	pH	有机质 /（g/kg）	全氮 /（g/kg）	碱解氮 /（mg/kg）	速效磷 /（mg/kg）	速效钾 /（mg/kg）	CEC/（cmol/kg）	游离铁 /（g/kg）
0 ～ 8	4.4	10.80	0.05	46	89.1	245	7.8	14.91
8 ～ 40	4.1	6.32	0.03	36	18.8	103	9.8	18.71

代表性单个土体环境质量等级

深度 /cm	铬	镍	铜	锌	镉	铅	汞	砷
0 ～ 8	Ⅰ类	Ⅰ类	Ⅰ类	Ⅰ类	Ⅰ类	Ⅰ类	Ⅰ类	Ⅰ类
8 ～ 40	Ⅰ类	Ⅰ类	Ⅰ类	Ⅰ类	Ⅰ类	Ⅰ类	Ⅰ类	Ⅰ类

环境质量背景值

指标	最小值	最大值	均值	中位数	标准偏差
pH	4.1	6.8	5.4	5.3	0.8
有机质 /%	1.06	3.05	1.98	1.84	0.73
砷 /（mg/kg）	0.1	39.1	5.1	2.0	8.9
镉 /（mg/kg）	0.02	0.30	0.14	0.13	0.09
铬 /（mg/kg）	5	76	36	22	25
铜 /（mg/kg）	2.9	26.3	12.8	11.8	6.7
汞 /（mg/kg）	0.016	0.144	0.071	0.060	0.036
镍 /（mg/kg）	1.6	27.6	11.1	8.1	8.2
铅 /（mg/kg）	4	57	24	23	16
锌 /（mg/kg）	22	160	69	49	42

注：此表数据均为表层。

11.7 石质湿润正常新成土

黄崖系

土族名称：砂质硅质混合型酸性高热性－石质湿润正常新成土

拟定者：杨安富 孟龙威 王登峰

分布与环境条件 分布于海南东部低丘岗地，海拔 10 ～ 50 m；砂岩风化物母质，林地；热带海洋性气候，年平均日照时数 2 000 h，气温 22 ～ 24℃，降水量 1 900 ～ 2 000 mm。

土系特征与变幅 成土过程包括腐殖质积累和物理风化，诊断层包括淡薄表层，诊断特性包括高热性土壤温度状况、湿润土壤水分状况和石质接触面。淡薄表层（土体）厚约 20 cm，壤质砂土，砂粒含量为 670 ～ 830 g/kg，pH 为 4.1 ～ 5.0。

典型景观

代表性单个土体剖面和整段土壤标本

代表性单个土体 位于琼海市嘉积镇黄崖村，19.189519° N，110.505706° E，海拔 28 m，岗地，砂岩风化物残积物母质，次生林地。50 cm 深土壤温度为 26.8℃。野外调查时间为 2020 年 12 月 26 日，编号为 46-2020-048。

Ah：0 ～ 20 cm，浊黄棕色（10YR 5/3，干），黑棕色（10YR 3/2，润），壤质砂土，团粒结构，松散，向下层清晰平滑过渡。

C：20 ～ 75 cm，基岩。

对比土系 嘉积系，同一亚纲不同土类，母质为紫色岩，紫色正常新成土。

生产性能综述 土体薄，发育弱，表层砂性，耕性和通透性较好，酸性较强，养分含量总体较高，应保护现有植被，防止水土流失。

中国土壤分类 酸性石质土

美国系统分类 Lithic Udorthents

世界土壤资源参比基础 Dystric Regosols（Loamic，Ochric）

代表性单个土体土壤物理性质

土层	深度 / cm	砾石 /（*V*/ %）	细土颗粒组成 /（g/kg）			质地	容重 /（g/cm³）
			砂粒	粉粒	黏粒		
Ah	0 ～ 20	0	828	61	111	壤质砂土	1.6

注：砾石：＞ 2 mm 石块；砂粒：0.05 ～ 2 mm；粉粒：0.002 ～ 0.05 mm；黏粒：＜ 0.002 mm。

代表性单个土体土壤化学性质

深度 / cm	pH	有机质 /（g/kg）	全氮 /（g/kg）	碱解氮 /（mg/kg）	速效磷 /（mg/kg）	速效钾 /（mg/kg）	CEC/（cmol/kg）	游离铁 /（g/kg）
0 ～ 20	5.0	39.40	0.18	177	23.1	174.0	7.3	4.90

代表性单个土体环境质量等级

深度 / cm	铬	镍	铜	锌	镉	铅	汞	砷
0 ～ 20	Ⅰ类	Ⅰ类	Ⅰ类	Ⅰ类	Ⅰ类	Ⅰ类	Ⅰ类	Ⅰ类

环境质量背景值

指标	最小值	最大值	均值	中位数	标准偏差
pH	4.1	6.8	5.4	5.3	0.7
有机质 /%	1.19	4.05	1.98	1.84	0.73
砷 /（mg/kg）	0.1	39.1	5.3	2.3	9.1
镉 /（mg/kg）	0.03	0.30	0.14	0.13	0.09
铬 /（mg/kg）	5	76	37	34	25
铜 /（mg/kg）	2.9	26.3	12.5	11.2	6.7
汞 /（mg/kg）	0.035	0.144	0.073	0.061	0.036
镍 /（mg/kg）	1.6	27.6	11.5	8.5	8.2
铅 /（mg/kg）	4	57	25	23	16
锌 /（mg/kg）	22	160	71	49	42

注：此表数据均为表层。

11.8　普通湿润正常新成土

霸王岭系

土族名称：粗骨砂质硅质型酸性高热性 - 普通湿润正常新成土

拟定者：吴晓晨　杨安富　孟龙威

分布与环境条件　分布于海南中部山区，海拔高于 1 000 m；花岗岩风化物母质，林地；热带海洋性气候，年平均日照时数 1 900 h，气温 21 ～ 22℃，降水量 1 700 ～ 1 800 mm。

土系特征与变幅　成土过程包括腐殖质积累和物理风化，诊断层包括淡薄表层，诊断特性包括高热性土壤温度状况和湿润土壤水分状况。淡薄表层（土体）厚度不足 20 cm，砾石含量 30% 以上，质地构型为砂质壤土 - 壤质砂土，砂粒含量为 750 ～ 820 g/kg，pH 为 5.3 ～ 5.4。

典型景观

代表性单个土体剖面和整段土壤标本

代表性单个土体 位于昌江县霸王岭自然保护区东二林场，19.094029° N，109.179663° E，海拔 1 016 m，山地坡中下部，次生林地。50 cm 深土壤温度为 26.1℃。野外调查时间为 2021 年 1 月 5 日，编号为 46-2020-023。

Ah：0 ～ 10 cm，浊黄橙色（10YR 6/3，干），灰黄棕色（10YR 4/2，润），30% 岩石碎屑，砂质壤土，弱团粒结构，稍紧实，向下层清晰平滑过渡。

AC：10 ～ 30 cm，黄橙色（10YR 8/6，干），浊黄橙色（10YR 7/4，润），80% 岩石碎屑，壤质砂土，单粒 - 弱小块状结构，松散 - 稍紧实，向下层渐变波状过渡。

C：30 ～ 130 cm，半风化体。

对比土系 嘉积系，同一亚纲不同土类，前者母质为紫色岩，紫色正常新成土。

生产性能综述 土体较浅，砾石多，表层较薄，砂性，耕性和通透性较好，酸性较强，养分含量总体较高，应保护现有植被，防止水土流失。

中国土壤分类 酸性粗骨土

美国系统分类 Udorthents

世界土壤资源参比基础 Dystric Regosols（Loamic，Ochric）

代表性单个土体土壤物理性质

土层	深度 / cm	砾石 / （V/ %）	细土颗粒组成 / （g/kg）			质地	容重 / （g/cm³）
			砂粒	粉粒	黏粒		
Ah	0 ~ 10	30	753	175	72	砂质壤土	0.8
AC	10 ~ 30	80	773	171	55	壤质砂土	1.1
C	30 ~ 130	80	815	147	38	壤质砂土	1.2

注：砾石：＞ 2 mm 石块；砂粒：0.05 ~ 2 mm；粉粒：0.002 ~ 0.05 mm；黏粒：＜ 0.002 mm。

代表性单个土体土壤化学性质

深度 / cm	pH	有机质 / （g/kg）	全氮 / （g/kg）	碱解氮 / （mg/kg）	速效磷 / （mg/kg）	速效钾 / （mg/kg）	CEC/ （cmol/kg）	游离铁 / （g/kg）
0 ~ 10	5.3	36.40	0.14	131	18.4	473	9.2	17.31
10 ~ 30	5.3	1.73	0.01	2	17.2	138	5.4	16.30
30 ~ 130	5.3	1.03	0.01	2	17.1	141	5.7	16.50

代表性单个土体环境质量等级

深度 / cm	铬	镍	铜	锌	镉	铅	汞	砷
0 ~ 10	Ⅰ类	Ⅰ类	Ⅰ类	Ⅰ类	Ⅰ类	Ⅰ类	Ⅰ类	Ⅰ类
10 ~ 30	Ⅰ类	Ⅰ类	Ⅰ类	Ⅰ类	Ⅰ类	Ⅰ类	Ⅰ类	Ⅰ类
30 ~ 130	Ⅰ类	Ⅰ类	Ⅰ类	Ⅰ类	Ⅰ类	Ⅰ类	Ⅰ类	Ⅰ类

环境质量背景值

指标	最小值	最大值	均值	中位数	标准偏差
pH	4.7	6.0	5.2	5.1	0.6
有机质 /%	0.54	6.40	3.56	3.51	2.16
砷 /（mg/kg）	0.8	4.7	1.6	1.7	0.6
镉 /（mg/kg）	0.04	0.21	0.10	0.09	0.06
铬 /（mg/kg）	5	31	15	12	10
铜 /（mg/kg）	2.4	10.7	5.0	4.9	2.6
汞 /（mg/kg）	0.043	0.139	0.065	0.052	0.032
镍 /（mg/kg）	2.4	11.0	5.6	4.3	3.5
铅 /（mg/kg）	22	87	37	32	21
锌 /（mg/kg）	29	79	45	44	16

注：此表数据均为表层。

参考文献

FAO-Unesco and Soil Map of the World.1988. Revised Lenged. Rome.

Gong ZT, Liu LW, Zhou RY, et al, 1995. Soil in Island of the South China Sea and Their Ages [J]. In: Scientia Geologica: 247-250.

Gong ZT, Zhang GL, 1998. Formation and Evolution of Soils on South China Sea Islands [M]. Hong Kong University Press, Hong Kong.

ISSS and ISRIC, 1995. Reference Soils of Tropical China（Hainan Island）Soil Brief CN4 [M]. Wageningen.

ISSS and ORSTOM, 1995. Transect Studies and Development of Classification Criteria [J]. OSTOM, Paris.

ISSS, ISRIC, FAO, 1998. World Reference Base for Soil Resources [J]. Compiled and Edited by Spaargaren O.C. Wageningen/Rome.

Soil Survey Staff, 1999. Soil Taxonomy. Second Edition Soil Conservation Service. U.S. Dept. Agric. Agriculture Handbook No. 436. U.S. Govt. Pr. Off., Washington, D.C., U.S.A.

Soil Survey Staff, 1999. Soil Taxonomy. U.S. Dep[M]. Agriculture Handlook No. 436, Washington, 2nd Edition.

龚子同，黄成敏，2001. 海南岛北部火山岩分布区土壤——景观关系研究 [J]. 土壤，33（1）：13-17, 31.

龚子同，张甘霖，漆智平，2004. 海南岛土系概论 [M]. 北京：科学出版社 .

龚子同，周瑞荣，1996. 土壤和土壤地理；赵焕庭 . 南沙群岛自然地理 [M]. 北京：科学出版社 .

广州地理研究所，1985. 海南岛热带自然资源图 [M]. 北京：科学出版社 .

海南省农业厅土肥站，1994. 海南土壤 [M]. 海口：海南出版社 .

何金海，石华，陆行正，等，1958. 海南岛土壤调查报告 [J]. 土壤专报（31）：1-64.

华南热带作物学院 ,1985. 海南岛热带作物土壤图（1 ： 500000）[M]. 北京：科学出版社 .

黄成敏，龚子同，2000. 成土年代系列土壤的铝硅氧化物变化特征 [J]. 土壤，32（1）：47-49, 53.

黄成敏，龚子同，2001. Geochemical Implication of Rare Earth Elements in Process of Soil Development [J]. 中国稀土学报：英文版，19（1）：57-62.

黄全，李意德，赖巨章，等，1991. 黎母山热带山地雨林生物量研究 [J]. 植物生态学与地植物学学报，15（3）：197-205.

蒋有绪，1991. “我国森林生态系统结构与功能规律及其监测网的研究”开始实施 [J]. 中国科学基金（2）：15-20. DOI:10.16262/j.cnki.1000-8217.1991.02.004.

蒋有绪，卢俊培，1991. 中国海南岛尖峰岭热带林生态系统 [M]. 北京：科学出版社.

柯夫达（Ковда Виктор Абромович），1960. 中国之土壤与自然条件概论 [M]. 北京：科学出版社.

梁继兴，1988. 海南岛主要土壤类型概要 [J]. 热带作物学报，9（1）：53-72.

林鹏，林光辉，1991. 几种红树植物的热值和灰分含量研究 [J]. 植物生态学与地植物学学报，15（2）：114-120.

林鹏，卢昌义，王恭礼，等，1990. 海南岛河港海莲红树林凋落物动态的研究 [J]. 植物生态学与地植物学学报，14（1）：69-74.

刘华峰，祁士华，李敏，等，2007. 海南岛东寨港区域水体中有机氯农药组成与时空分布 [J]. 环境科学研究（4）:70-74.

陆发熹，1947. 广东西沙群岛之土壤及鸟粪磷矿 [J]. 土壤季刊，6（3）.

马社霞，张啸，陈来国，等，2013. 海南五指山背景点 $PM_{2.5}$ 中多环芳烃的污染特征 [J]. 中国环境科学，33（S1）:103-107.

石华，1986. 海南岛土壤图（1 ： 1000000）// 熊毅，李锦. 中国土壤图集 [M]. 北京：地图出版社.

石华，侯传庆，1964. 广东土壤区划，中国科学院华南热带生物资源综合考察队土壤研究所.

Thorp J, 1936. 中国之土壤 [M]. 李庆逵，李连捷，译. 土壤特刊乙种第 1 号，南京：实业部地质调查所印行.

王华，艾涛，温晓芳，等，2006. 土壤中乐果降解菌的筛选及其特性研究 [J]. 农业环境科学学报（5）.

王伟，程立生，梁月华，2009. 海南岛稻田两栖动物资源调查及保护对策探讨 [J]. 四川动物，28（2）：250-253.

吴东明，陈珊珊，邓晓，2014. 海南省瓜菜田土壤中有机氯农药残留及生态风险分析 [J]. 农业资源与环境学报，31（4）: 343-348.

吴仲民，卢俊培，杜志鹄，1994. 海南岛尖峰岭热带山地雨林及其更新群落的凋落物量与贮量 [J]. 植物生态学报，18（4）: 306-313.

伍世平，1990. 海南岛热带草地的数量分类和排序研究 [J]. 植物生态学与地植物学学报，14（4）: 388-392.

席连之，1947. 广东南沙群岛土壤纪要 [J]. 土壤季刊，6（3）: 77-81.

杨安富，胡玉麟，林天，等，2022. 中国西沙群岛土系的建立 [J]. 土壤学报，59（3）：667-677.

杨帆，2011. 儋州市土系划分的理论和实践 [D]. 海南大学 .

永田武雄，1941. 海南岛土壤调查报告 [J]. 日本土壤肥料学杂志，15（12）.

张甘霖，龚子同，杨金玲，等，2012. 土壤调查实验室分析方法 [M]. 北京：科学出版社 .

张甘霖，王秋兵，张凤荣，等，2013. 中国土壤系统分类土族和土系划分标准 [J]. 土壤学报，50（4）: 826-834.

张瑾，2011. 发育于热带地区玄武岩的时间序列土壤中石英和植硅体的变化特征 [D]. 江苏：南京农业大学 .

张瑾，李德成，张甘霖，等，2012. 热带地区玄武岩发育时间序列土壤中石英颗粒微形态特征 [J]. 土壤，44（1）：111-117.

张立娟，李德成，李徐生，等，2012. 成土年龄对雷琼地区玄武岩母质土壤剖面中常量元素迁移的影响 [J]. 土壤，44（2）：274-281.

张仲英，刘瑞华，韩中元，1987. 海南岛沿海的第四纪地层 [J]. 热带地理，7（1）: 54-63.

赵其国，王明珠，何园球，1991. 我国热带亚热带森林凋落物及其对土壤的影响 [J]. 土壤，23（1）: 8-15.

赵文君，陈志诚，1993. 海南岛主要土壤的类型鉴别与检索 [M]. 中国土壤系统分类进展 . 北京：科学出版社 .

郑坚端，1992. 海南岛文昌县滨海沙土草地植被的研究 [J]. 植物生态学与地植物学学报，16（2）: 174-185.

中国科学院南京土壤研究所土壤系统分类课题组，中国土壤系统分类课题研究

协作组 , 1985. 中国土壤系统分类初拟 [J]. 土壤 , 17（6）: 290-318.

中国科学院南京土壤研究所土壤系统分类课题组 , 中国土壤系统分类课题研究协作组 , 1991. 中国土壤系统分类（首次方案）[M]. 北京 : 科学出版社 .

中国科学院南京土壤研究所土壤系统分类课题组 , 中国土壤系统分类课题研究协作组 , 2001. 中国土壤系统分类检索 [M], 3 版 . 合肥 : 中国科学技术大学出版社 .

中国土壤系统分类课题研究协作组 , 1995. 中国土壤系统分类（修订方案）[M]. 北京 : 中国农业科技出版社 .

中国土壤学会分类委员会 , 1978. 中国土壤分类暂行草案 [J]. 土壤 , 5.

附件 1　土壤类型分类及参比

土壤类型分类及参比

编号	中国土壤系统分类（第三版）	中国土壤分类与代码（GB/T 17296—2009）	美国系统分类（第十二版）	世界土壤资源参比基础（2014）
46-2020-001	普通潮湿冲积新成土	冲积土	Udifluvents	Dystric Orthofluvic Fluvisols（Arenic, Ochric）
46-2020-002	普通铝质常湿淋溶土	山地黄壤	Palehumults	Skeletic Xanthic Alisols （Loamic, Ochric, Hyperalic）
46-2020-004	腐殖铝质常湿淋溶土	山地黄壤	Palehumults	Haplic Alisols （Loamic, Hyperdystric, Ochric, Hyperalic）
46-2020-005	普通铁聚水耕人为土	潴育水稻土	Anthraquic Eutrudepts	Hydragric Anthrosols （Eutric, Loamic）
46-2020-006	普通简育干润淋溶土	砖红壤	Typic Haplustalfs	Haplic Luvisols （Loamic, Ochric）
46-2020-007	普通潜育水耕人为土	潜育水稻土	Anthraquic Eutrudepts	Hydragric Anthrosols （Dystric, Arenic, Escalic, Gleyic）
46-2020-008	普通简育湿润淋溶土	棕壤	Humudepts or Eutrudepts or Hapludalfs	Skeletic Alisols （Loamic, Hyperdystric, Ochric）
46-2020-009	黄色铝质湿润淋溶土	山地黄壤	Palehumults	Xanthic Alisols （Loamic, Ochric, Hyperalic）
46-2020-010	黄色铝质湿润淋溶土	山地黄壤	Palehumults	Xanthic Alisols （Loamic, Ochric, Hyperalic）
46-2020-011	普通简育滞水潜育土	沼泽土	Epiaquepts or Epiaquents	Eutric Reductigleyic Subaquatic Gleysols （Arenic, Ochric）
46-2020-012	高热干润砂质新成土	冲积土	Ustifluvents	Dystric Orthofluvic Fluvisols （Arenic, Ochric）
46-2020-013	黄色铝质湿润淋溶土	山地黄壤	Palehumults	Skeletic Xanthic Alisols （Loamic, Ochric, Hyperalic）
46-2020-014	红色铁质湿润雏形土	黄棕壤性土	Oxic Dystrudepts	Dystric Skeletic Rhodic Cambisols （Loamic, Ferric, Ochric）
46-2020-015	红色铁质湿润雏形土	黄棕壤性土	Dystrudepts	Eutric Cambisols （Loamic, Ferric, Ochric）
46-2020-017	普通铁质干润淋溶土	燥红土	Kanhaplic Rhodustalfs	Skeletic Ferric Lixisols （Arenic, Ochric）
46-2020-018	石质铝质常湿雏形土	黄壤性土	Lithic Dystrudepts	Alic Leptic Umbrisols or Cambisols
46-2020-019	黄色黏化湿润富铁土	黄壤	Inceptic Hapludults	Skeletic Xanthic Ferric Acrisols （Loamic, Ochric）
46-2020-020	普通简育湿润淋溶土	棕壤	Humudepts or Eutrudepts or Hapludalfs	Skeletic Alisols （Loamic, Hyperdystric, Ochric）

编号	中国土壤系统分类（第三版）	中国土壤分类与代码（GB/T 17296—2009）	美国系统分类（第十二版）	世界土壤资源参比基础（2014）
46-2020-021	普通铁聚水耕人为土	潴育水稻土	Anthraquic Eutrudepts	Hydragric Anthrosols （Eutric, Arenic, Gleyic）
46-2020-022	黄色铝质湿润淋溶土	山地黄壤	Palehumults	Xanthic Alisols （Loamic, Ochric, Hyperalic）
46-2020-023	普通湿润正常新成土	酸性粗骨土	Udorthents	Dystric Regosols（Loamic, Ochric）
46-2020-024	普通黏化湿润富铁土	红壤	Inceptic Hapludults	Skeletic Rhodic Ferric Acrisols （Loamic, Ochric ）
46-2020-025	普通铝质常湿淋溶土	山地黄壤	Palehumults	Xanthic Alisols （Loamic, Ochric, Hyperalic）
46-2020-026	普通暗红湿润铁铝土	砖红壤	Kandiudox， Acrudox， Hapludox	Folic（Mollic） Rhodic Ferric （Gibbsic） Ferralsols
46-2020-028	铝质简育常湿淋溶土	山地黄壤	Palehumults	Xanthic Alisols （Loamic, Ochric, Hyperalic）
46-2020-029	普通铝质常湿雏形土	黄壤性土	Dystrudepts	Alic Umbrisols or Cambisols
46-2020-030	斑纹简育湿润淋溶土	棕壤	Humudepts or Eutrudepts or Hapludalfs	Haplic Alisols （Loamic, Hypereutric, Ochric）
46-2020-031	普通铝质常湿淋溶土	山地黄壤	Palehumults	Xanthic Alisols （Loamic, Ochric, Hyperalic）
46-2020-032	腐殖铝质湿润雏形土	黄壤性土	Humic Dystrudepts	Alic Histic Umbrisols or Cambisols
46-2020-033	普通腐殖湿润火山灰土	暗火山灰土	Melanudands	Eutric Histic Andosols （Loamic, Melanic）
46-2020-034	普通简育滞水潜育土	酸性硫酸盐土	Salidic Sulfaquepts or Haplic Sulfaquents	Stagnic Solonchaks（Aceric, Sulfatic, Sulfidic）
46-2020-035	斑纹简育湿润淋溶土	棕壤	Humudepts or Eutrudepts or Hapludalfs	Skeletic Alisols （Loamic, Hyperdystric, Ochric）
46-2020-037	高热干润砂质新成土	冲积土	Ustifluvents	Dystric Orthofluvic Fluvisols （Arenic, Ochric）
46-2020-038	普通简育常湿富铁土	砖红壤	Ruptic-Alfic Dystrudepts	Skeletic Rhodic Ferric Acrisols （Clayic, Hyperdystric ）
46-2020-039	普通铝质常湿淋溶土	山地黄壤	Palehumults	Xanthic Alisols （Loamic, Ochric, Hyperalic）
46-2020-040	铝质酸性湿润淋溶土	棕壤	Humudepts or Eutrudepts or Hapludalfs	Rhodic Alisols （Loamic, Hyperdystric, Ochric）
46-2020-041	红色酸性湿润淋溶土	山原红壤	Rhodudalfs	Skeletic Rhodic Ferric Alisols （Loamic, Ochric）
46-2020-042	斑纹简育干润淋溶土	冲积土	Oxic Haplustepts	Haplic Lixisols （Arenic, Ochric）
46-2020-043	酸性暗色潮湿雏形土	冲积土	Udifluvents	Dystric Orthofluvic Fluvisols（Arenic, Ochric, Oxyaquic）

编号	中国土壤系统分类（第三版）	中国土壤分类与代码（GB/T 17296—2009）	美国系统分类（第十二版）	世界土壤资源参比基础（2014）
46-2020-044	铁聚潜育水耕人为土	潜育水稻土	Anthraquic Eutrudepts	Hydragric Anthrosols （Dystric, Siltic, Escalic, Gleyic）
46-2020-045	普通黏化湿润富铁土	红壤	Inceptic Hapludults	Rhodic Ferric Acrisols （Clayic, Ochric）
46-2020-046	普通铁聚水耕人为土	潴育水稻土	Anthraquic Eutrudepts	Hydragric Anthrosols （Eutric, Arenic, Gleyic）
46-2020-047	普通铝质常湿淋溶土	山地黄壤	Palehumults	Skeletic Xanthic Alisols （Loamic, Ochric）
46-2020-048	石质湿润正常新成土	酸性石质土	Lithic Udorthents	Dystric Regosols（Loamic, Ochric）
46-2020-049	普通湿润砂质新成土	冲积土	Udifluvents	Dystric Orthofluvic Fluvisols（Arenic, Ochric）
46-2020-050	普通铁渗水耕人为土	渗育水稻土	Typic Epiaquepts	Hydragric Anthrosols （Dystric, Arenic, Escalic）
46-2020-052	普通铝质常湿淋溶土	山地黄壤	Palehumults	Xanthic Alisols （Loamic, Hyperdystric, Ochric, Hyperalic）
46-2020-053	漂白简育水耕人为土	漂洗水稻土	Anthraquic Hapludalfs or Typic Epiaquepts	Hydragric Anthrosols （Eutric, Arenic）
46-2020-054	酸性紫色正常新成土	紫色土	Udorthents	Dystric Skeletic Regosols （Loamic, Ochric）
46-2020-055	普通铁聚水耕人为土	潴育水稻土	Anthraquic Eutrudepts	Hydragric Anthrosols （Dystric, Loamic）
46-2020-056	石质铝质常湿雏形土	黄壤性土	Lithic Dystrudepts	Alic Leptic Umbrisols or Cambisols
YX-01	磷质湿润正常新成土	磷质石灰土	Typic Quartzipsamments	Subaquatic Folic Calcaric Arenosols （Nechic）
ZS-01	磷质湿润正常新成土	磷质石灰土	Typic Quartzipsamments	Folic Skeletic Calcaric Regosols （Arenic, Humic, Nechic）
BD-01	磷质湿润正常新成土	磷质石灰土	Typic Quartzipsamments	Folic Skeletic Calcaric Regosols （Arenic, Ochric）
NSZ-01	磷质湿润正常新成土	磷质石灰土	Typic Quartzipsamments	Folic Rubic Calcaric Arenosols
JQ-01	磷质钙质湿润雏形土	磷质石灰土	Arenic Eutrudepts	Folic Calcaric Cambisols （Arenic, Ochric）
GQ-01	磷质钙质湿润雏形土	磷质石灰土	Arenic Eutrudepts	Folic Calcaric Cambisols （Arenic, Ochric）
GQ-02	钙质湿润正常新成土	滨海砂土	Typic Quartzipsamments	Skeletic Calcaric Regosols （Arenic, Ochric, Nechic）

附件 2　土壤类型图集

人为土

- 铁聚潜育水耕人为土
  - 博鳌系
- 普通潜育水耕人为土
  - 好圣系
- 普通铁渗水耕人为土
  - 中和系
- 普通铁聚水耕人为土
  - 光坡系
  - 雷鸣系
  - 灵山系
  - 王下系
- 漂白简育水耕人为土
  - 黄流系

调查人：吴晓晨 杨安富 孟龙威
调查编号：46-2020-044
调查时间：2020年12月25日

调查人：吴晓晨 李德成 王登峰
调查编号：46-2020-007
调查时间：2020年10月17日

调查人：吴晓晨 杨安富 林天
调查编号：46-2020-050
调查时间：2020年10月23日

调查人：杨安富 林天 孟龙威
调查编号：46-2020-021
调查时间：2020年11月22日

调查人：孟龙威 吴克富 胡玉麟
调查编号：46-2020-046
调查时间：2021年1月2日

调查人：孟龙威 卓奕秀 杨丽
调查编号：46-2020-005
调查时间：2020年10月10日

调查人：孟龙威 董璐 吴克富
调查编号：46-2020-055
调查时间：2021年1月7日

调查人：林天 孟龙威 卓奕秀
调查编号：46-2020-053
调查时间：2020年12月4日

火山灰土

普通腐殖湿润火山灰土

儒任系

调查人：杨安富 李德成 孟龙威
调查编号：46-2020-033
调查时间：2020年10月11日

铁铝土

普通暗红湿润铁铝土

蓬莱系

调查人：吴晓晨 杨安富 孟龙威
调查编号：46-2020-026
调查时间：2020年10月14日

潜育土

普通简育滞水潜育土

东寨港系

调查人：吴晓晨 杨安富 孟龙威
调查编号：46-2020-034
调查时间：2020年11月21日

抱罗系

调查人：杨安富 孟龙威 王登峰
调查编号：46-2020-011
调查时间：2020年10月15日

富铁土

- 普通简育常湿富铁土
  - 新政系
- 黄色黏化湿润富铁土
  - 育才系
- 普通黏化湿润富铁土
  - 大炎系
  - 美里系

新政系

调查人：杨安富 孟龙威 李德成
调查编号：46-2020-038
调查时间：2020年12月10日

育才系

调查人：吴晓晨 杨安富 孟龙威
调查编号：46-2020-019
调查时间：2020年12月6日

大炎系

调查人：吴晓晨 杨安富 孟龙威
调查编号：46-2020-024
调查时间：2020年11月13日

美里系

调查人：吴晓晨 杨安富 孟龙威
调查编号：46-2020-045
调查时间：2021年1月3日

淋溶土

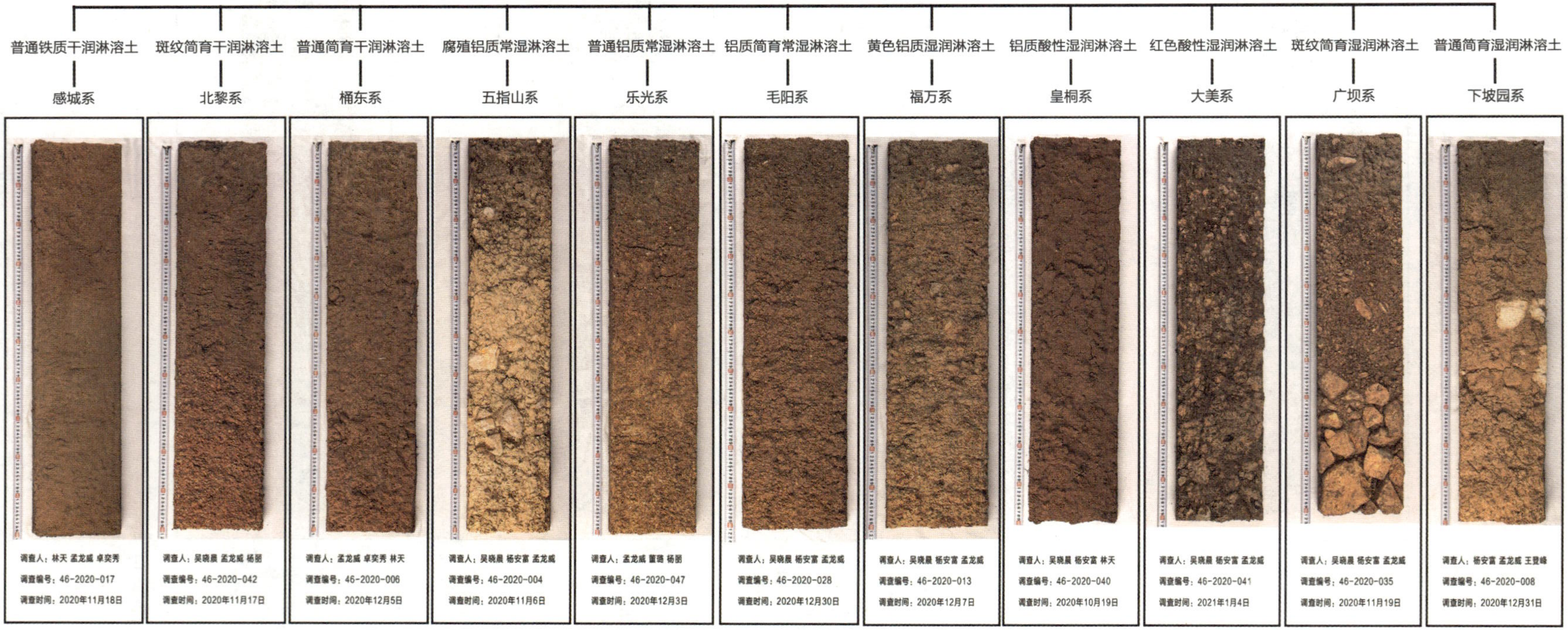

编者注：本图列举 11 种亚类代表性土壤标本，其他淋溶土分类标本见下页图。

淋溶土

普通铝质常湿淋溶土

尖峰岭系

调查人：杨安富 孟龙威 李德成

调查编号：46-2020-002

调查时间：2020年11月20日

吊罗山系

调查人：吴晓晨 李德成 孟龙威

调查编号：46-2020-052

调查时间：2020年11月21日

毛弄系

调查人：吴晓晨 杨安富 孟龙威

调查编号：46-2020-025

调查时间：2020年12月11日

黄牛岭系

调查人：李德成 杨安富 孟龙威

调查编号：46-2020-039

调查时间：2021年1月6日

中平系

调查人：吴晓晨 杨安富 孟龙威

调查编号：46-2020-031

调查时间：2020年12月28日

黄色铝质湿润淋溶土

南丰系

调查人：吴晓晨 杨安富 孟龙威

调查编号：46-2020-022

调查时间：2020年10月24日

田公系

调查人：吴晓晨 杨安富 孟龙威

调查编号：46-2020-009

调查时间：2020年12月13日

加来系

调查人：吴晓晨 杨安富 孟龙威

调查编号：46-2020-010

调查时间：2020年10月22日

斑纹简育湿润淋溶土

十月田系

调查人：杨安富 孟龙威 王登峰

调查编号：46-2020-030

调查时间：2020年11月12日

普通简育湿润淋溶土

龙楼系

调查人：杨安富 孟龙威 王登峰

调查编号：46-2020-020

调查时间：2020年10月12日

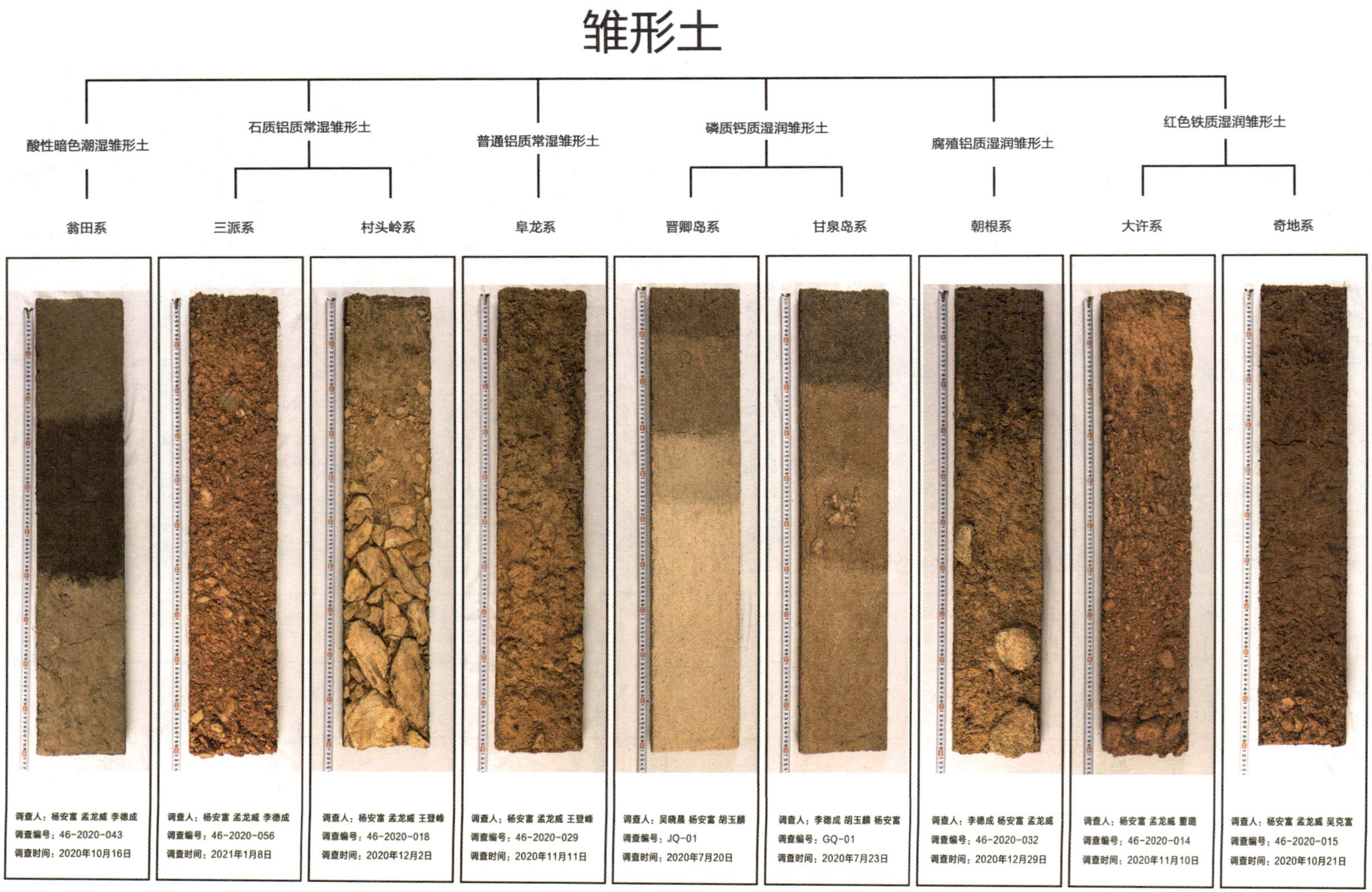
雏形土
酸性暗色潮湿雏形土
石质铝质常湿雏形土
普通铝质常湿雏形土
磷质钙质湿润雏形土
腐殖铝质湿润雏形土
红色铁质湿润雏形土
翁田系
三派系
村头岭系
阜龙系
晋卿岛系
甘泉岛系
朝根系
大许系
奇地系
调查人：杨安富 孟龙威 李德成
调查编号：46-2020-043
调查时间：2020年10月16日
调查人：杨安富 孟龙威 李德成
调查编号：46-2020-056
调查时间：2021年1月8日
调查人：杨安富 孟龙威 王登峰
调查编号：46-2020-018
调查时间：2020年12月2日
调查人：杨安富 孟龙威 王登峰
调查编号：46-2020-029
调查时间：2020年11月11日
调查人：吴晓晨 杨安富 胡玉麟
调查编号：JQ-01
调查时间：2020年7月20日
调查人：李德成 胡玉麟 杨安富
调查编号：GQ-01
调查时间：2020年7月23日
调查人：李德成 杨安富 孟龙威
调查编号：46-2020-032
调查时间：2020年12月29日
调查人：杨安富 孟龙威 董璐
调查编号：46-2020-014
调查时间：2020年11月10日
调查人：杨安富 孟龙威 吴克富
调查编号：46-2020-015
调查时间：2020年10月21日

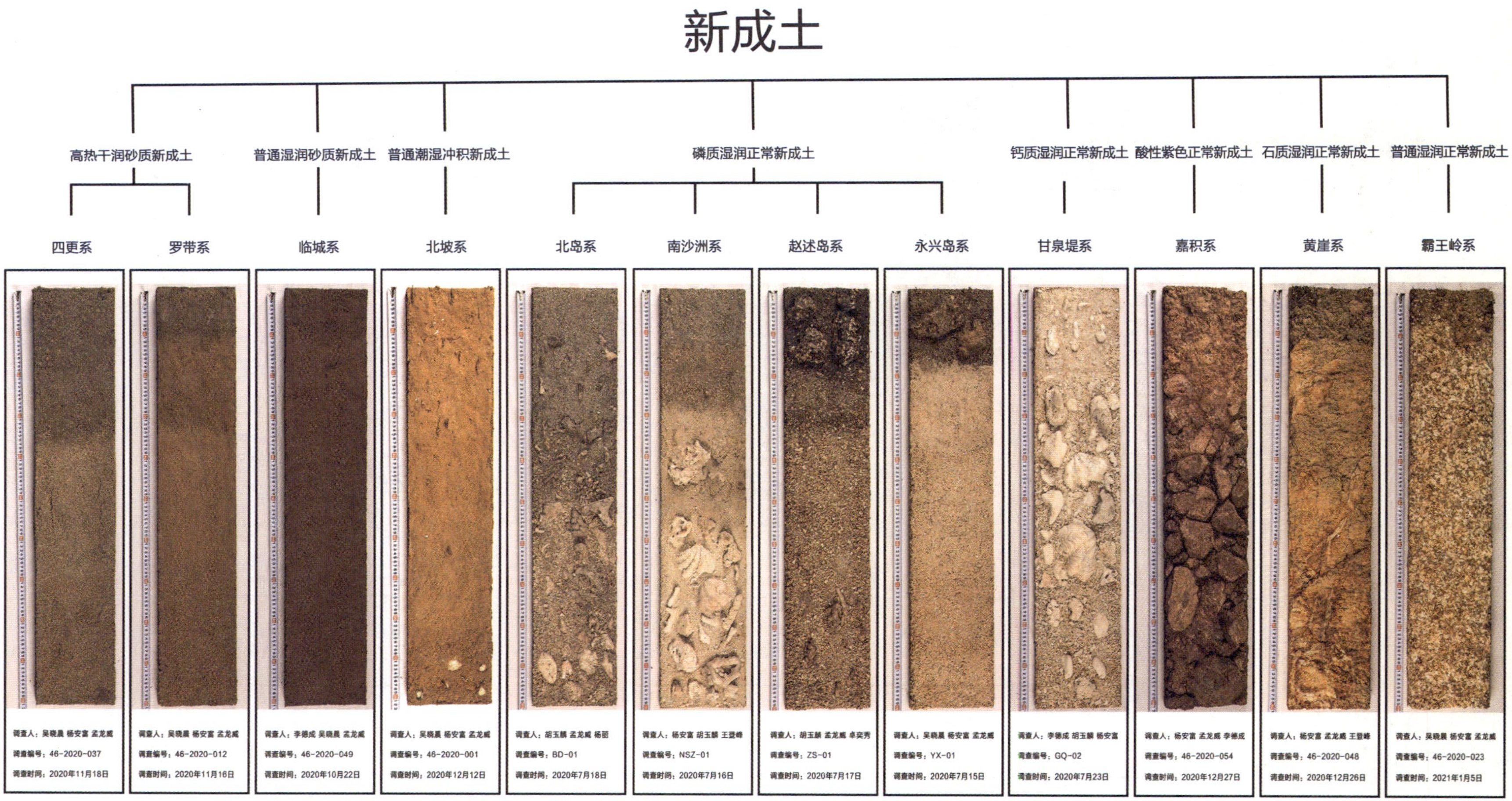
新成土
高热干润砂质新成土
普通湿润砂质新成土
普通潮湿冲积新成土
磷质湿润正常新成土
钙质湿润正常新成土
酸性紫色正常新成土
石质湿润正常新成土
普通湿润正常新成土
四更系
罗带系
临城系
北坡系
北岛系
南沙洲系
赵述岛系
永兴岛系
甘泉堤系
嘉积系
黄崖系
霸王岭系
调查人：吴晓晨 杨安富 孟龙威
调查编号：46-2020-037
调查时间：2020年11月18日
调查人：吴晓晨 杨安富 孟龙威
调查编号：46-2020-012
调查时间：2020年11月16日
调查人：李德成 吴晓晨 孟龙威
调查编号：46-2020-049
调查时间：2020年10月22日
调查人：吴晓晨 杨安富 孟龙威
调查编号：46-2020-001
调查时间：2020年12月12日
调查人：胡玉麟 孟龙威 杨丽
调查编号：BD-01
调查时间：2020年7月18日
调查人：杨安富 胡玉麟 王登峰
调查编号：NSZ-01
调查时间：2020年7月16日
调查人：胡玉麟 孟龙威 卓奕秀
调查编号：ZS-01
调查时间：2020年7月17日
调查人：吴晓晨 杨安富 孟龙威
调查编号：YX-01
调查时间：2020年7月15日
调查人：李德成 胡玉麟 杨安富
调查编号：GQ-02
调查时间：2020年7月23日
调查人：杨安富 孟龙威 李德成
调查编号：46-2020-054
调查时间：2020年12月27日
调查人：杨安富 孟龙威 王登峰
调查编号：46-2020-048
调查时间：2020年12月26日
调查人：吴晓晨 杨安富 孟龙威
调查编号：46-2020-023
调查时间：2021年1月5日

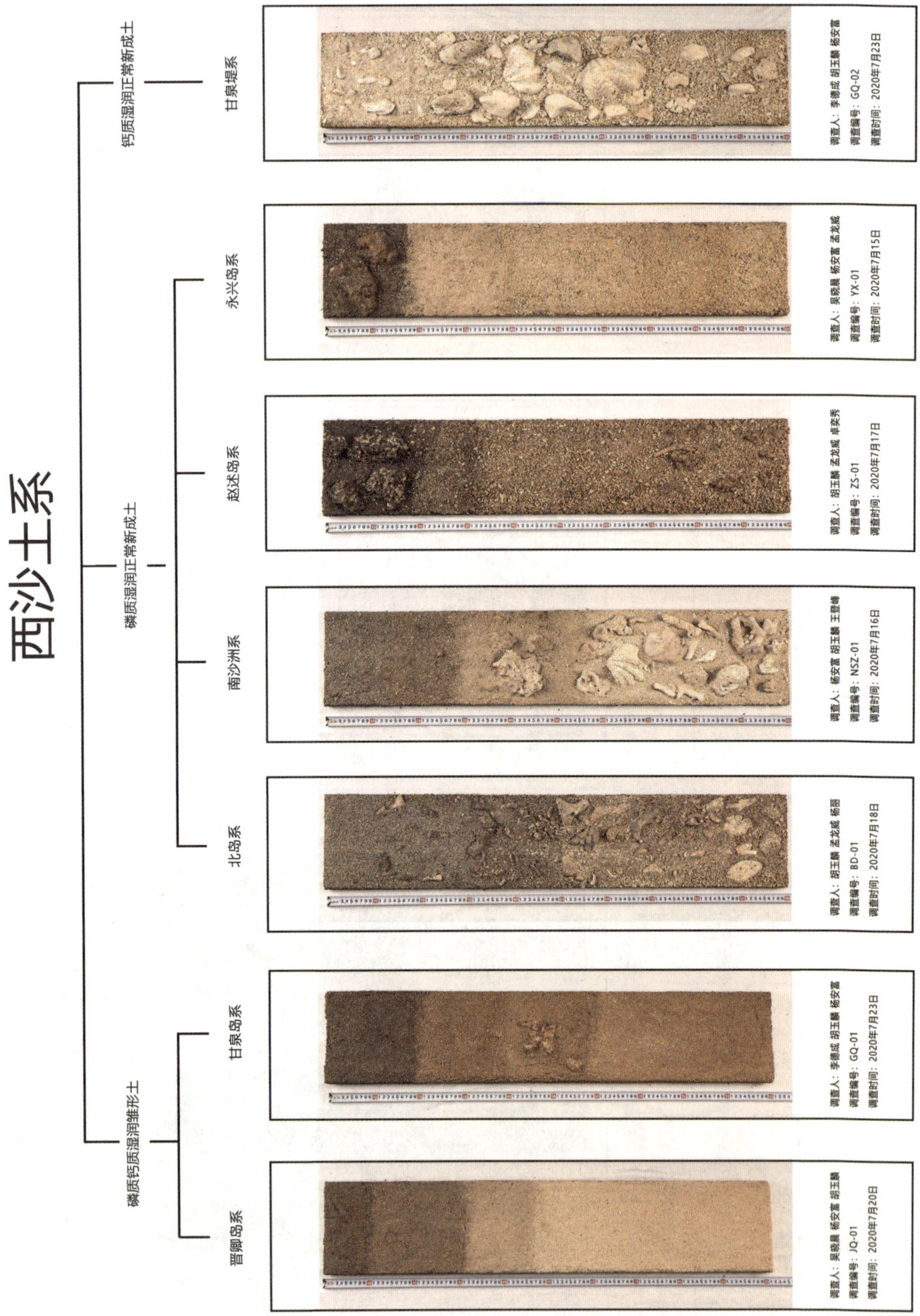
西沙土系
钙质湿润正常新成土
磷质湿润正常新成土
磷质钙质湿润锥形土
甘泉堤系
永兴岛系
赵述岛系
南沙洲系
北岛系
甘泉岛系
晋卿岛系
调查人：李德成 胡玉麟 杨安富
调查编号：GQ-02
调查时间：2020年7月23日
调查人：吴晓晨 杨安富 孟龙威
调查编号：YX-01
调查时间：2020年7月15日
调查人：胡玉麟 孟龙威 卓奕秀
调查编号：ZS-01
调查时间：2020年7月17日
调查人：杨安富 胡玉麟 王登峰
调查编号：NSZ-01
调查时间：2020年7月16日
调查人：胡玉麟 孟龙威 杨丽
调查编号：BD-01
调查时间：2020年7月18日
调查人：李德成 胡玉麟 杨安富
调查编号：GQ-01
调查时间：2020年7月23日
调查人：吴晓晨 杨安富 胡玉麟
调查编号：JQ-01
调查时间：2020年7月20日